DIETRICH FLADE

Blutaufbau, Inzucht und Verwandtschaft in der brandenburgischen Rinderzucht und deren Beeinflussung durch die künstliche Besamung

WISSENSCHAFTLICHE ABHANDLUNGEN

Nr. 43

BLUTAUFBAU, INZUCHT UND VERWANDTSCHAFT IN DER BRANDENBURGISCHEN RINDERZUCHT UND DEREN BEEINFLUSSUNG DURCH DIE KÜNSTLICHE BESAMUNG

von

DIETRICH FLADE

Mit 4 Abbildungen, 24 Tabellen und 4 Falttafeln

DEUTSCHE AKADEMIE
DER LANDWIRTSCHAFTSWISSENSCHAFTEN ZU BERLIN

AKADEMIE-VERLAG · BERLIN
1960

Diese Arbeit ist eine abgeänderte Fassung der unter dem Titel „Untersuchungen über Blutaufbau, Inzucht und Verwandtschaft in der brandenburgischen Herdbuch- und Landesrinderzucht als Grundlage einer planvollen Lenkung der Vatertierhaltung in der natürlichen Bedeckung und künstlichen Besamung" von der Landwirtschaftlich-Gärtnerischen Fakultät der Humboldt-Universität zu Berlin angenommenen und im Institut für Tierzüchtung und Haustiergenetik dieser Universität angefertigten Dissertation.

Anschrift des Verfassers:

Dr. agr. Dietrich Flade
Institut für Tierzüchtung und Haustiergenetik
der Humboldt-Universität zu Berlin
Berlin N 4,
Invalidenstr. 42

1960
Herausgegeben von der Deutschen Akademie der Landwirtschaftswissenschaften zu Berlin
Vorgelegt von Prof. Dr. Dr. h. c. W. Stahl, Rostock und Prof. Dr. F. Lützenberg, Berlin
Redaktionsschluß: Mai 1957
Erschienen im Akademie-Verlag GmbH, Berlin W 1, Leipziger Str. 3—4

Lizenz-Nr. 202 · 100/716/60
Kartengenehmigung: MdI der DDR Nr. 5538
Gesamtherstellung: VEB Druckerei „Thomas Müntzer" Bad Langensalza
Bestellnummer: 2068/43
Printed in Germany
ES 22 H

INHALTSVERZEICHNIS

A. EINLEITUNG

Um die Leistungen der Milchviehhaltung weiter zu steigern, ist neben einer Verbesserung der Umwelt vor allem eine Intensivierung der züchterischen Arbeit notwendig, die sich nicht nur auf die Herdbuchzuchten beschränken sollte, sondern m. E. in stärkerem Maße als bisher auch die Landeszucht erfassen muß. Eine züchterische Beeinflussung insbesondere der Landeszucht ist aber fast ausschließlich nur durch das männliche Zuchtmaterial möglich, da das Vatertier seine Eigenschaften auf eine wesentlich größere Anzahl von Nachkommen vererbt als das weibliche Tier und bei uns die Herdbuchzucht der Landeszucht vorerst größtenteils nur männliches Zuchtmaterial zur Verfügung stellen kann. Die Erkenntnis, daß die Qualität und der planvolle Einsatz der Vatertiere von entscheidender Bedeutung für jeglichen Fortschritt in der Tierzucht sind, führte schon im 17. und 18. Jahrhundert in Württemberg und Ostfriesland zu Verordnungen über die Körung der männlichen Zuchttiere und in der Folgezeit in zahlreichen anderen Ländern zu ähnlichen Bestimmungen über die Auswahl der zum Decken zugelassenen Vatertiere. Die unterschiedlichen gesetzlichen Maßnahmen wurden schließlich im Tierzuchtgesetz von 1936 zusammengefaßt, das sich in den vergangenen Jahren als eine der wirksamsten Maßnahmen zur Förderung der Landestierzucht erwiesen hat.

Unterdessen hat die künstliche Besamung (KB) in der deutschen Rinderzucht Eingang gefunden und sich besonders in den letzten Jahren immer mehr ausgebreitet. Damit ist eine Zuchtmaßnahme in den Vordergrund der Betrachtungen gerückt, die zweifellos geeignet sein kann, die gesamte Landeszucht züchterisch stärkstens zu beeinflussen. Gegenüber dem bisher üblichen indirekten Weg der Zufuhr von Vatertieren für die Landeszucht über die Absatzveranstaltungen der Zuchtverbände, bei dem die züchterischen Gesichtspunkte vielfach vor den wirtschaftlichen Verhältnissen und den oft formalistischen Geschmacksrichtungen der Käufer in den Hintergrund zu treten hatten oder wegen des Fehlens züchterischen Verständnisses bei den meisten Tierhaltern überhaupt dem Zufall weichen mußten, bietet die KB erstmals die Möglichkeit, einen großen Teil der Bullenhaltung der Landeszucht nach wissenschaftlichen Methoden aufzubauen und Leistung, Typ und Konstitution in der Landeszucht durch sachkundige Auswahl der erforderlichen Vatertiere direkt zu beeinflussen, womit der erste Schritt von der bloßen Vermehrung zur Zucht getan ist. Voraussetzung dafür ist, daß es gelingt, einerseits den Zuchtwert der Besamungsbullen vor ihrem Einsatz mit genügender Sicherheit zu bestimmen und andererseits den planmäßigen Einsatz der Bullen entsprechend zu lenken. Neben der frühzeitigen Bestimmung bzw. Schätzung des Zuchtwertes der Besamungsbullen, die in einer früheren Arbeit unseres Institutes ausführlich behandelt wurde (36) und auf die deshalb hier nicht näher eingegangen werden soll, spielt die Frage der zweckmäßigen Lenkung des Einsatzes der Besamungsbullen vor allem hinsichtlich der Vermeidung von unerwünschter Inzucht und Bluteinengung eine ganz entscheidende Rolle, die bei der Vatertierhaltung für den natürlichen Deckakt zumindest in der Landeszucht bisher keine oder kaum Beachtung fand. Wegen der hohen Nachkommenzahl der Besamungsbullen und der Verringerung der Gesamtbullenzahl im Lande, verbunden mit einem starken Einfluß der Besamungsbullen auf die Absatzveranstaltungen, wird von den Gegnern der KB in Wissenschaft und Praxis der Hinweis auf die dadurch bedingte Steigerung der Inzucht, die Gefahr des Auftretens von Inzuchtdepressionen, der Blutlinienverengung und der Schrumpfung der Selektionsbasis als wichtigster und stichhaltigster Einwand gegen die weitere Ausbreitung der Besamung vorgebracht. Dem Risiko, durch Inzuchtschäden große volkswirtschaftliche Verluste zu erleiden und bei planloser Durchführung und weiterer Ausbreitung der Besamung — auch in der Herdbuchzucht — wertvolle Gene zu verlieren und die Zuchtbasis derart einzuschränken, daß ein Züchten, d. h. ein Auslesen des Besten aus Vielem, nicht mehr oder nur unvollkommen möglich ist, kann nur durch eine sachgemäße Zuchtplanung in der KB — verbunden mit einer entsprechenden Lenkung des gesamten übrigen Vatertiermaterials der Landeszucht — begegnet werden.

Die Forschungen der letzten Jahre haben gezeigt, daß in der praktischen Rinderzucht der Reinzucht z. T. in Verbindung mit mäßiger Inzucht der Vorzug zu geben ist und dies die vorherrschende Zuchtmethode darstellt, die auch der VI. Internationale Tierzuchtkongreß in Kopenhagen empfohlen hat. Dabei ist zu beachten, daß starke Zunahme der Homozygotie infolge beständiger Inzucht innerhalb einzelner Blutlinien zu Inzuchtschäden führt. Nach JOHANSSON (9) sollte man sich deshalb in der Landeszucht nicht darauf einstellen, die Homozygotie für andere Gene als für solche zu steigern, die normale Allele zu direkt schädlichen Rezessivgenen (z. B. Letalanlagen) sind. Hinsichtlich der quantitativen Eigenschaften ist im allgemeinen ein relativ hoher Grad von Heterozygotie von Vorteil.

Unter Berücksichtigung dieser Forschungsergebnisse hat deshalb der Einsatz der Bullen in bezug auf die verwandtschaftlichen und blutlinienmäßigen Zusammenhänge so zu erfolgen, daß keine unerwünschte Inzucht und keine Einschränkung der Selektionsbasis eintritt. Dies gilt nicht nur für die KB, sondern auch für die Bullen, die im natürlichen Deckakt Verwendung finden, insbesondere nachdem in der DDR die Zuchtvieh-Auktionen in Fortfall gekommen und von einer Zuteilung der Tiere an die Bedarfsträger durch staatliche Zuchtlenkungskommissionen abgelöst worden sind. Damit ist erstmalig auch in der Landeszucht die Möglichkeit gegeben, auf die gesamte Vatertierhaltung einerseits über die KB andererseits über die für den natürlichen Deckakt verwendeten Bullen unmittelbar Einfluß zu nehmen und den Einsatz aller Deckbullen eines Landes von sachkundiger Seite aus zu planen und zu lenken, was bisher nur mehr oder weniger gut in der Herdbuchzucht möglich war.

Die erfolgreiche Lösung dieser verantwortungsvollen Aufgabe, die in erster Linie bei der Leitung der KB, bei den Zuchtleitungen und bei den Zuchtlenkungskommissionen liegt, setzt voraus, daß über das züchterische Material in der Landeszucht, die mehr und mehr in das züchterische Geschehen unmittelbar einbezogen wird, ausreichende Kenntnisse vorhanden sind. Dies dürfte heute jedoch nur in den wenigsten Fällen zutreffen. Die tierzüchterische Forschung sollte sich deshalb vermehrt damit beschäftigen, durch eingehende Untersuchungen Licht in die Verhältnisse der Landeszucht zu bringen. Im Hinblick auf die Abwendung der durch den rapiden Anstieg der KB hervorgerufenen Gefahren der Inzucht und der Verengung der Auslesebasis scheint es vor allem notwendig, zunächst dem Studium des Blutaufbaues und der verwandtschaftlichen Verhältnisse in der breiten Landeszucht alle Aufmerksamkeit zu widmen, um daraus Schlußfolgerungen für den planvollen Einsatz der Vatertiere ziehen zu können.

Der erste Weg dahin führt über das Studium des Blutaufbaues und der Blutlinienzugehörigkeit des in den letzten Jahren zugeführten männlichen Zuchtmaterials, nicht nur wegen des stärkeren Einflusses eines männlichen Tieres auf die Verbreitung seiner Nachkommen, sondern auch weil die Abstammung der weiblichen Tiere in der Landeszucht grundsätzlich nicht festzustellen ist. Dabei ist dem Verfahren, das schon in der klassischen englischen Vollblutzucht allgemeine Regel war: „das betreffende Zuchttier dem Stamm zuzuzählen, dem es in direkter männlicher Vererbungsreihe angehört“, auch heute noch der Vorzug zu geben, weil bisher kein besseres Verfahren bekannt ist, um in ausgedehnten Zuchten eine klare Übersicht über den Blutaufbau zu bekommen, zumal der Züchter mit dieser Einteilung bereits vertraut ist und die einzelnen Linien im züchterischen Denken stark verankert sind.

Zur Klärung der insbesondere durch die KB hervorgerufenen Probleme des Ansteigens der Inzucht und der Verengung der Auslesebasis genügt das Studium der Blutlinienzugehörigkeit jedoch nicht. Denn die Untersuchung des Blutaufbaues eines Zuchtgebietes liefert zwar eine Reihe von Erkenntnissen über die verwandtschaftlichen Verhältnisse innerhalb der Zuchten und Linien, und aus dem Vorhandensein einer mehr oder weniger engen Blutführung läßt sich auf die mehr oder weniger starke Anwendung der Inzucht schließen, exakte Aussagen und zahlenmäßig vergleichbare Angaben über den Grad der Inzucht und Verwandtschaft in einer Population sind jedoch allein durch die Analyse der Blutlinienzugehörigkeit nicht möglich. Deshalb ist es zur Lösung der angeschnittenen Fragen erforderlich, neben der Blutlinienanalyse die

Bestimmung des Inzucht- und Verwandtschaftsgrades einer Population und ggf. bedeutender Einzeltiere sowie die Frage ihrer Veränderung in der Generationsfolge durch den Einfluß der KB in den Vordergrund der Betrachtungen zu rücken, wobei die verstärkte Anwendung der populationsgenetischen Forschungsmethoden auch in der deutschen Tierzucht notwendig sein wird.

Die aufgezeigten Probleme und Erkenntnisse gaben Veranlassung, sowohl die blutlinienmäßigen Zusammenhänge insbesondere in der Landeszucht als auch die Inzucht- und Verwandtschaftsverhältnisse und die Frage des Einflusses der KB auf Blutaufbau, Inzucht und Verwandtschaft in einem größeren Zuchtgebiet, in dem die KB seit einigen Generationen zur Anwendung kommt, näher zu untersuchen.

Die Hauptaufgaben vorliegender Arbeit waren es deshalb, im Zuchtgebiet Brandenburg

1. das Gros der Zuchtbullen in der natürlichen Bedeckung der Nachkriegszeit und ihre Nachkommen sowie sämtliche Besamungsbullen zu erfassen, blutlinienmäßig kreisweise bzw. besamungsbezirksweise einzuordnen und entsprechend auszuwerten,
2. den Inzucht- und Verwandtschaftsgrad in der brandenburgischen Rinderzucht unter Anwendung der modernen populationsgenetischen und massenstatistischen Forschungs- und Untersuchungsmethoden zu ermitteln und
3. die Frage zu untersuchen, ob und inwieweit eine Beeinflussung des Blutaufbaues, der Inzucht und der Verwandtschaft durch die wachsende Ausbreitung der KB erfolgt, wie dies festzustellen ist und welche Schlußfolgerungen auf Grund der gewonnenen Erkenntnisse für eine planvolle Lenkung der Vatertierhaltung in der natürlichen Bedeckung und der KB zu ziehen sind.

Eine derartige Untersuchung schien einerseits gerade für das brandenburgische Zuchtgebiet um so notwendiger, als größere züchterische Untersuchungen der Herdbuchzuchten, wie sie für viele andere Gebiete vorliegen und aus denen u. U. gewisse Schlüsse auf ähnliche Verhältnisse in der Landeszucht gezogen werden können, für Brandenburg seit Jahren nicht angefertigt wurden. Andererseits wird die Notwendigkeit der vorliegenden Arbeit dadurch unterstrichen, daß zwar seit Jahren über die erhöhte Gefahr der Inzucht und Bluteinengung durch die KB viel geschrieben und gesprochen wird, aber bisher keine genauen zahlenmäßigen Ergebnisse darüber vorlagen bzw. infolge der relativ kurzen Zeitspanne, die seit der Einführung der KB verstrichen ist, auch noch gar nicht vorliegen konnten.

B. SCHRIFTTUM

Über Blutlinien und Bullenstämme des brandenburgischen Zuchtgebietes sind in der Literatur der letzten Jahrzehnte vor dem Kriege nur vereinzelte Angaben zu finden, sie liegen außerdem so weit zurück, daß die — zum Teil bei der Behandlung anderer Probleme nur am Rande erwähnten — Bullenstämme heute völlig erloschen sind.

Eine neuere eingehendere Beschreibung über die brandenburgischen Zuchtverbände und ihren Blutaufbau gibt OSTERCAMP 1933 im Rahmen seiner Untersuchungen über die geschichtliche Entwicklung der schwarzbunten Niederungszuchten Deutschlands mit besonderer Berücksichtigung des Anteils der Ostfriesen (18). Die Untersuchung der Herdbucheintragungen seit Beginn der organisierten Rinderzucht in Brandenburg und die Analysen der Bezirks- und Angeldschauen in den 20er und 30er Jahren zeigen, daß die aus Ostfriesland eingeführten Bullen neben den vorwiegend auf ostfriesischer Grundlage gezüchteten Prignitzer Bullen zahlenmäßig vorherrschen und auch leistungsmäßig die Elite darstellen. Sie gehören zum größten Teil der Elso II 34-Linie und der seinerzeit noch verbreiteten Viktoria-Edzard-Linie an. Die damals maßgebenden brandenburgisch-ostfriesischen Vaterstämme haben sich jedoch längst verloren, wie überhaupt in der Literatur keine Angaben über die Heranbildung eigener brandenburgischer Vaterstämme zu finden sind. Über den Blutaufbau oder die Blutlinien des brandenburgischen Zuchtgebietes nach 1945 existieren keinerlei Veröffentlichungen. Da aber im Nachzuchtgebiet Brandenburg sämtliche Deckbullen der letzten Jahre auf auswärtige Linien zurückgehen, konnten Arbeiten über den Blutlinienaufbau der in Frage kommenden Originalzuchtgebiete vielfach bei der Analyse der Blutlinienzugehörigkeit wertvolle Dienste leisten. Hier sind besonders zu nennen die Arbeiten von SAENGER und FRIEDRICH (26) in Sachsen-Anhalt, KÖPPE (10, 11, 12) in Ostfriesland, SCHIMMELPFENNIG (27) in Oldenburg, ENGELHARD (6) in Mecklenburg, PETERS (21) in Ostpreußen und DIRKS (3) im Jeverland.

Über die Inzucht- und Verwandtschaftsverhältnisse in der brandenburgischen Rinderzucht sind bisher noch keinerlei Untersuchungen angefertigt worden, wie überhaupt erst in jüngster Zeit sich die deutsche Tierzuchtforschung der Anwendung populationsgenetischer Forschungsmethoden zur

Lösung von Züchtungsproblemen bedient. So fand die Bestimmung der Inzucht Berücksichtigung im Rahmen der Untersuchungen von HARING und Mitarbeitern (8) über die 5prozentige Niederungskuh, während LAUPRECHT und DÖRING (14) 1954 eine Arbeit veröffentlichten, die ausschließlich der Ermittlung des Inzuchtgrades der ostfriesischen Angeldbullen des Jahres 1952 diente. Weitere neuere Untersuchungen über den Inzuchtgrad deutscher Rinderzuchten sind nicht vorhanden. Im Ausland wurden in letzter Zeit verschiedene Inzuchtanalysen von Zuchtherden bekannt, so von DASSAT (12) beim braunen Alpenrind in Crodo, PASSERINI (20) beim Chiana-Rind, BUJATTI u. a. (1) beim Maremma-Rind, v. d. PLANK (22) beim roten Dänen-Rind, STONAKER (32) beim Hereford-Rind, RAGAB u. a. (23) bei ägyptischen Schafen und GAZDER (7) bei der Araberzucht in USA.

Untersuchungen, die sowohl die Inzucht als auch die Verwandtschaftsverhältnisse zum Gegenstand haben, liegen aus der deutschen Rinderzucht überhaupt nicht vor. Dagegen wurden beim schweizerischen Braunvieh derartige genetische Analysen in den vergangenen Jahrzehnten mehrfach durchgeführt, so 1935 von SCIUCHETTI (28), 1944 von ENGELER und INDERMÜHLE (5) und zuletzt 1954 von KUTSAL (13). Das Zahlenmaterial dieser Arbeit wie auch derjenigen von LAUPRECHT und DÖRING wurde von mir wiederholt zu Vergleichen mit meinen eigenen Untersuchungen herangezogen.

Die Frage, ob und inwieweit die Ausbreitung der KB zu stärkerer Inzucht und Bluteinengung führt, wird seit Einführung der KB in der Rinderzucht immer wieder erörtert. In den meisten Fällen trugen bisher diese Überlegungen mehr oder weniger spekulativen Charakter, zumal vorerst nicht zu überblicken war, in welche Richtung die Entwicklung laufen würde. Nachdem nunmehr in zahlreichen Ländern und Zuchtgebieten die KB bereits eine Reihe von Jahren wirken und sich ausbreiten konnte, sind von verschiedenen Seiten Mitteilungen über Teilfragen des Problems veröffentlicht worden, so z. B. über die Auswirkung der KB auf den Bullenbestand (19) oder über praktische Erfahrungen mit den verschiedenen Methoden des Bulleneinsatzes (29).

Untersuchungen über den Einfluß der KB auf Blutaufbau, Inzucht und Verwandtschaft eines größeren Zuchtgebietes, wie sie hier vorliegen, sind bisher nicht bekannt geworden.

C. MATERIAL UND METHODIK

Die Durchführung der Arbeit zerfiel in vier Hauptabschnitte:

1. Feststellung aller Bullen, die seit dem Wiederaufbau der Zucht nach 1945 im Gebiet des ehemaligen Landes Brandenburg gedeckt haben.
2. Kreisweise Einordnung der Bullen in Blutlinien und Auswertung der Ergebnisse.
3. Feststellung aller Besamungsbullen, die seit Beginn der KB in Brandenburg besamt haben, deren Standorte, die Zahl der Erstbesamungen je Bulle, je Jahr und je Station.
4. Aufstellung der Ahnentafeln mit 5 Ahnengenerationen für eine repräsentative Auswahl von Jungbullen der Jahre 1950—1957 sowie der quantitativ bedeutendsten Deck- und Besamungsbullen. Errechnung der Inzucht- und Verwandtschaftskoeffizienten sowie anderer den Einfluß der KB charakterisierender Merkmale.

Die Materialsammlung wurde grundsätzlich so vorgenommen, daß darauf fußend später weitere Untersuchungen der Herdbuch- und Landeszucht vor allem über deren Leistungsgrundlagen möglich sind.

Für die Lösung der ersten Aufgabe sollten ursprünglich die Körunterlagen der Tierzuchtämter bzw. der nach deren Auflösung errichteten Körstellen bei den Kreisverwaltungen benutzt werden, aus denen bei ordnungsgemäßer Führung sowohl die genaue Kennzeichnung der einzelnen Bullen zwecks weiterer Nachforschung in den Herdbüchern als auch der Standort, die Art der Deckerlaubnis und die Deckzeit hätten hervorgehen müssen. Nach Vornahme einiger Stichproben stellte sich jedoch heraus, daß zu Beginn der Arbeit Ende 1952 bei den Kreisen — von ganz geringen Ausnahmen abgesehen — keinerlei Unterlagen über die augenblicklich deckenden Bullen, geschweige denn über die früheren Deckbullen, vorhanden waren. Es mußte deshalb von dieser zweifellos sehr praktischen und zeitsparenden Methode Abstand genommen und ein anderer Lösungsweg beschritten werden.

Die Überlegung, daß normalerweise ein mehr oder weniger großer Teil der Landesbullen eines Gebietes über die Zuchtviehabsatzveranstaltungen (ZVA) der zuständigen Tierzuchtinspektionen geht, führte zu dem Plan, sämtliche seit 1945 auf ZVA in Brandenburg erschienenen Jungbullen zu erfassen. Aus den Katalogen, die bei der Tierzuchtinspektion Potsdam, Zuchtleitung Rinder, lückenlos vorhanden sind, wurden für jeden Bullen folgende Angaben entnommen: Name, Kälbernummer, Geburtsdatum, Katalognummer, Züchter, Besitzer, Vater, Mutter, Leistungspunkte, Leistungsnote, Formnote, Zuchtwertklasse, Gewicht, Erlös, Mutterleistung, Großmütterleistungen (jeweils Milchkilogramm, Fettprozente, Fettkilogramm). Die Angabe der Käufer war in den besonders geführten Käufer- bzw. Auktionslisten zu finden. Sehr schwierig und zeitraubend war die Einordnung der Wohnorte der Züchter, Besitzer und Käufer in die neuen, bei der Verwaltungsreform 1952 gebildeten Kreise, zu der ich mich entschlossen hatte, da besonders im Hinblick auf spätere Schlußfolgerungen für die Praxis die Berücksichtigung der neuen politischen Verwaltungsgrenzen am zweckmäßigsten erschien, und andererseits die Einteilung des Landes in die zahlreicheren und kleineren neuen Kreise dem Bestreben entgegenkam, die Analyse der Blutlinien auf nicht allzu große Einheiten auszudehnen, um nicht evtl. örtliche Unterschiede zu verwischen, die besonders für die Planung in der KB hätten wichtig sein können.

Da kein alphabetisches Ortsverzeichnis mit Kreisangabe vorhanden war, mußte der Wohnort jedes Züchters, Besitzers und Käufers auf der Karte aufgesucht und seine neue Kreiszugehörigkeit festgestellt werden.

Die Angaben über jeden Bullen wurden in eine Karteikarte aufgenommen (siehe Anlage), deren dreifache Ausfertigung (in den Farben weiß, grün, rot) die später beabsichtigte verschiedenartige Auswertung und damit Einordnung nach Herkunftsgebiet, Standort und Abstammung im Auge hatte. Beginnend mit der 146. ZVA am 11. 3. 48 in Perleberg, der ersten, die nach dem Kriege in Brandenburg wieder stattfand, bis zur 232. ZVA am 7. 12. 54 in Wittenberge konnten insgesamt 90 ZVA untersucht und 5831 Jungbullen in die Kartothek aufgenommen werden.

Der Kernpunkt der gesamten Materialsammlung war, sämtliche oder wenigstens einen möglichst großen Teil aller Deckbullen zu erfassen, die als repräsentative Auswahl gelten konnten. Auf Grund der vorliegenden Zahlen und nach den Informationen über die Verhältnisse im Zuchtgebiet mußte jedoch angenommen werden, daß über die brandenburgischen ZVA nur ein Teil der benötigten Vatertiere ins Land gegangen ist. Meine Anstrengungen mußten deshalb darauf gerichtet sein, auch die stallgekörten und ab Stall verkauften Bullen und die Importbullen zu erfassen, was nur durch langwierige und zeitraubende Ermittlungen möglich war, die besonders dadurch erschwert wurden, daß die Herdbuchführung infolge der Kriegs- und Nachkriegswirren und mancherlei Umstellungen im Verwaltungsapparat teilweise lückenhaft war. Auch die in mancher Beziehung mangelhafte Zusammenarbeit zwischen Zuchtleitung und Verkaufsorganisation (VE-Handelskontor für Zucht- und Nutzvieh) bereitete Schwierigkeiten bei der Vervollständigung des Materials.

So wird z. B. ein beträchtlicher Teil von Jungbullen, vor allem die auf ZVA nicht verkauften, die an ihren Besitzer zurückgehen, durch das Handelskontor vermittelt und ab Stall verkauft. Erst vom Jahre 1953 ab werden diese Stallverkäufe sowie auch Umstellungen älterer Bullen von einem Deckbezirk in den anderen einigermaßen regelmäßig von den Handelskontoren den Tierzuchtinspektionen gemeldet, so daß an Hand der Verkaufslisten die Karteiblätter der nicht verkauften Tiere und solcher auf früheren ZVA erschienenen, die unterdessen umgestellt worden waren, berichtigt werden konnten. Die Verfolgung der Stallverkäufe und Umstellungen in den weiter zurückliegenden Jahren, in denen die damaligen Außenstellen für Tierzucht völlig ungenügend über derartige Verkäufe unterrichtet wurden, war unmöglich. Dies ist um so bedauerlicher, als vor der Einführung der neuen Körbestimmungen (Mai 1954), wonach die Erstkörung von Jungbullen nur auf ZVA zulässig ist (von einzelnen Ausnahmen abgesehen), von Stallkörungen (meist mit anschließenden Stallverkäufen) bedeutend größerer Gebrauch gemacht wurde. Über diese Stallkörungen sind keinerlei Unterlagen mehr zu finden. Ebenso ist es nahezu aussichtslos, über die von den damaligen Körstellen der Kreise jährlich durchzuführenden Hauptkörungen (heute Nachkörungen), die genaue Auskunft über den Bullenbestand jedes Kreises hätten geben können, noch irgendwelche zuverlässigen Angaben zu bekommen.

Es hat sich weiterhin gezeigt, daß über die Zeitdauer, die ein Bulle in einem Bezirk gedeckt hat, fast ausnahmslos nichts bekannt ist, weil der Abgang eines gekörten Vatertieres nur höchst selten, die Todesursache so gut wie nie, der Zuchtleitung gemeldet wird.

Ganz allgemein muß deshalb festgestellt werden, daß durch die seinerzeit erfolgte Auflösung der Tierzuchtämter, an deren Stelle man zunächt nichts Gleichwertiges setzen konnte, gewisse organisatorische Mängel in der Tierzuchtverwaltung entstanden waren, die der Entwicklung der Zucht geschadet und die Förderungsmaßnahmen des Staates nur unvollkommen zur Auswirkung kommen lassen haben. Die Verlegung der meisten Aufgaben der Tierzuchtämter zu den Kreisverwaltungen, Abteilung tierische Produktion, wo fachlich teils ungeeignete, häufig mit Erfassungsaufgaben beschäftigte und oft wechselnde Kräfte die Körstellen inne hatten, war ein nur ungenügender Ersatz. Erst durch die Errichtung der Tierzuchtinspektionen und der ihnen unmittelbar unterstehenden Nebenstellen begann sich eine neue Entwicklung anzubahnen.

Zur Abstellung der aufgezeigten Mißstände in der Zucht, speziell im Körwesen, wurden von mir bereits während der Durchführung der Arbeit den staatlichen Organen entsprechende Vorschläge unterbreitet, die bei der Abfassung der notwendigen Ausführungsbestimmungen zum Körgesetz berücksichtigt werden sollten.

Es war anzunehmen, daß Brandenburg als Nachzuchtgebiet einen beträchtlichen Teil seines Bullenbedarfs durch Importe deckt. Erst seit 1953 werden in der Abteilung Körwesen der Tierzuchtinspektion Potsdam neben den einheimischen auch alle Importbullen registriert. Auf Grund der für auswärtige Bullen ausgestellten Körbücher ergab sich, daß allein im Jahre 1954 von ca. 1350 auf ZVA gekauften und in den einzelnen Gemeinden zum Decken aufgestellten Jungbullen etwa 450, d. s. über 30%, auf auswärtigen ZVA, vorwiegend in Sachsen-Anhalt, gekauft wurden. Bei einem solch hohen Anteil der auswärtigen Bullen war eine Vernachlässigung dieser Bullen bei der Analyse der Blutlinienzugehörigkeit, wie sie ursprünglich unter der Voraussetzung eines geringeren Anteils geplant war, nicht mehr vertretbar. Die Erfassung der Importbullen — zunächst aus den anderen Zuchtgebieten der DDR — geschah ebenfalls an Hand der Verkaufskataloge der ZVA in den Ländern Sachsen-Anhalt, Sachsen und Mecklenburg seit dem Jahre 1945 (aus Thüringen wurden so gut wie keine Bullen eingeführt). Dies war der einzig gangbare Weg, der als durchaus brauchbar angesehen werden muß, weil der Ankauf auswärtiger Bullen fast ausschließlich über die ZVA und nur selten über Stallverkäufe erfolgt ist, bzw. bei letzteren die Käufer einwandfrei aus den Katalogen oder Zusammenstellungen der Tierzuchtinspektionen Halle, Dresden und Schwerin zu ersehen sind.

Überprüft wurden insgesamt: 216 ZVA bzw. Sonderkörungen in Sachsen-Anhalt
92 ZVA bzw. Sonderkörungen in Sachsen
78 ZVA bzw. Sonderkörungen in Mecklenburg

Die Erfassung der nach Brandenburg verkauften Jungbullen erfolgte wiederum auf den beschriebenen Karteikarten. Gleichzeitig wurden sämtliche auswärtigen ZVA mit allen Bullen für einen späteren Vergleich eingehend ausgewertet durch Feststellungen wie: Zahl der insgesamt aufgetriebenen und verkauften Bullen, Zahl der nicht verkauften, nicht gekörten und zurückgestellten Bullen, Umsatz in DM, Durchschnittspreis, Höchstpreis, Aufschlüsselung in Zuchtwertklassen, Leistungen der Mütter und Großmütter der Auktionsbullen.

Die zweite Phase der Materialsammlung wurde eingeleitet mit der Einordnung sämtlicher Jungbullenkarten nach ihren Vätern, die selbst nach Zuchtgebieten und innerhalb Brandenburgs herdbuchnummernweise nach den ehemaligen Zuchtvereinsgebieten (1/... = Prignitz, 2/... = Ruppin-Havelland, 3/... = Uckermark, 4/... = Barnim-Oderbruch, 8/... = Mittelmark, 10/... = Niederlausitz) geordnet wurden. Nunmehr war eine Überprüfung der gesamten Kartei an Hand des brandenburgischen Herdbuches möglich. Dabei kam es vor allem darauf an, zunächst einen ungefähren Überblick über die tatsächlich seit dem Jahre 1945 in die Zucht gegangenen Bullen zu bekommen.

Die Importbullen aus anderen Zuchtgebieten der DDR waren erfaßt; bei denen von außerhalb der DDR konnte, falls sie nicht bereits als Väter aufgetreten waren, erwartet werden, daß sie alle im Herdbuch (HB) zu finden sind, da es sich durchweg um hochwertige Tiere für die einheimischen HB-Zuchten handelt. Im brandenburgischen HB selbst sind bei den Vätern sämtliche Nachkommen — also auch alle Söhne — angegeben, bei ins HB eingetragenen mit HB-Nummer, bei über ZVA verkauften mit Nummer und Tag der ZVA. Somit war es möglich, durch Vergleich unserer Kartei mit dem HB bei jedem Bullenvater festzustellen, welche ZVA-Söhne ins HB eingetragen wurden (wichtig für die spätere Errechnung des HB-Anteils in den Kreisen und Blutlinien) und wieviel Söhne außerdem noch vorhanden sind, die nicht über die ZVA gegangen sind. Sofern es sich um HB-Tiere handelte, war durch Aufsuchen der betreffenden Tiere im HB eine Erfassung auch dieser Bullen möglich. Bullen nur mit Kälber-Nummer (K-Bullen) konnten allerdings nur zahlenmäßig erfaßt werden, da der Käufer im HB nicht angegeben ist. Deshalb wäre auch der Plan, anstelle der Untersuchungen der ZVA grundsätzlich nur die in die Zucht gegangenen Söhne an Hand des HB zu ermitteln, nicht durchführbar gewesen. Für eine Analyse der Gesamtblutlinien im Landesmaßstab ohne Berücksichtigung der Standorte der Bullen sind diese K-Bullen selbstverständlich zu verwenden gewesen.

Für jeden Vater eines ZVA-Bullen wurde nunmehr eine Väterkarte (gleichzeitig Karteileitkarte) angelegt, auf der vermerkt sind:

> Die Abstammung in direkter männlicher Linie bis zur 4. Generation (für die spätere Einordnung in Blutlinien), Name und Wohnort des Züchters (für die spätere Analyse der Zuchtzentren), Standort (für die spätere kreisweise Einordnung auch dieser Väter, die ja ebenfalls seit bzw. schon vor 1945 in Brandenburg gedeckt haben), Kälber-Nummer, Geburtsdatum, ggf. Todesdatum und soweit vorhanden Todesursache, Zeitpunkt der HB-Aufnahme, Zuchtwertklasse, Gesamtzahl der über ZVA gegangenen Söhne, diese aufgeteilt in HB- und K-Söhne, Zahl der nicht gekörten, zurückgestellten und nicht verkauften Söhne, Gesamtzahl der nicht über ZVA gegangenen Söhne, getrennt in HB- und K-Söhne, Gesamtzahl der vor 1948 in die Zucht gegangenen Söhne, getrennt nach HB- und K-Söhnen, Gesamtzahl aller Söhne.

Damit wurden von sämtlichen brandenburger Bullen, die seit dem Jahre 1945 Söhne auf ZVA geliefert haben, alle Söhne (HB- und K-Söhne) *zahlenmäßig* erfaßt (und damit verwendbar für die Analyse des Blutaufbaues im Landesmaßstab), darüber hinaus wurden *karteimäßig mit Standortangabe* sämtliche ZVA-Söhne (HB- und K-Söhne) und sämtliche HB-Söhne, auch wenn sie nicht über ZVA gegangen sind, erfaßt (und damit verwendbar für die Analyse des Blutaufbaues in den Kreisen). Gleichzeitig ergab sich durch diesen Vergleich die Möglichkeit, eine ganze Reihe von Unstimmigkeiten insbesondere von Druckfehlern in den Katalogen auszumerzen, die notwendigerweise auf die Karteikarten übertragen worden waren.

Nach der Aufstellung der Väterkarten wurde das gesamte brandenburgische HB von rückwärts her durchgesehen, beginnend mit der letzten Eintragung nach dem Stand von Ende 1955. Jeder Bulle, der bereits als Vater oder dessen Vater bereits in unserer Väterliste aufgeführt war, konnte unberücksichtigt bleiben, da er bereits als Karteikarte in unserer Kartei existierte. Falls sich bei einem Kartei-Bullen, der bisher nicht als Vater geführt wurde, zeigte, daß er nach den Angaben des Herdbuches unterdessen Nachkommen bekommen hatte, die nicht über die ZVA gegangen waren (sonst wäre er ja schon als Vater erfaßt worden), wurden auch diese Nachkommen zahlenmäßig mit erfaßt. Alle anderen HB-Bullen, die also weder über ZVA gegangen waren, noch einen erfaßten Vater hatten — hierunter fallen auch viele Importbullen aus dem Ausland — wurden zunächst listenmäßig erfaßt, desgleichen ihre Nachkommen. In dieser Weise wurde das HB zurückverfolgt, solange noch ein Vater zu finden war, der einen Sohn nach 1945 in die Zucht geliefert hat. Das reicht zurück bis zum Jahre 1937.

Später wurden auf Grund dieser Listen auch sämtliche HB-Bullen, die ab 1951 in die Zucht gegangen sind, sowie deren Väter, karteimäßig erfaßt. Damit sind auch diejenigen Bullen in die Untersuchungen einbezogen, die wegen ihres jugendlichen Alters noch nicht oder nur selten in der Lage waren, Söhne auf die ZVA zu liefern. (Nicht erfaßt sind lediglich vom Jahre 1948 ab gerechnet 253, vom Jahre 1945 ab gerechnet 488 HB-Bullen, die keinerlei Nachkommen über die ZVA für die Zucht geliefert haben.)

Ein Vergleich der Bullenlisten mit den bereits karteimäßig erfaßten Bullen aus Sachsen-Anhalt, Sachsen und Mecklenburg ermöglichte auch bei diesen Bullen die Trennung in HB- und K-Tiere und bei den HB-Bullen die genaue Feststellung des Standortes, was an Hand der auswärtigen Kataloge nicht immer möglich gewesen war.

Nach Abschluß dieser Untersuchungen ergab sich folgendes: Für die Verwendung im Zuchtgebiet wurden seit dem Jahre 1945 10732, bzw. seit dem Jahre 1948 10027 Bullen zur Verfügung gestellt. Unter Zugrundelegung des Anteils der nicht verkauften, nicht gekörten, zurückgestellten und nach außerhalb des Zuchtgebietes verkauften Bullen, der, wie sich bei der Auswertung der ZVA zeigte, rd. 10% beträgt, haben vom Jahre 1948 ab gerechnet 9158, vom Jahre 1945 ab gerechnet 9838 Bullen im Zuchtgebiet gedeckt. Davon sind 6172 Jungbullen (1294 HB-Bullen und 4878 K-Bullen), die über brandenburgische, sächsisch-anhaltinische, sächsische oder mecklenburgische ZVA gegangen sind, karteimäßig erfaßt. Dazu kommen die nachträglich erfaßten HB-Bullen einschließlich der Importbullen aus dem Ausland. Damit ist praktisch das gesamte jüngere Bullenmaterial der Herdbuchzucht karteimäßig mit Standort erfaßt.

Im Hinblick auf die Analyse der Blutlinienzugehörigkeit in der HB- und Landeszucht zusammen stehen unter Berücksichtigung der ab 1948 insgesamt in die Zucht gegangenen Vatertiere 8299 Bullen = 90,6% des Gesamtbestandes für die Analyse der Gesamtblutlinien (ohne Kreisangabe) und 7150 Bullen = 78,1% des Gesamtbestandes für die Analyse der Blutlinien in den Kreisen zur Verfügung. Unter Berücksichtigung der ab 1945 in die Zucht gegangenen Vatertiere (9838 Bullen) sieht dieses Ergebnis mit 84,4% für die Gesamtblutlinien und 72,7% für die Blutlinien in den Kreisen nicht viel ungünstiger aus.

Die tatsächliche Zahl aller erfaßten Tiere einschließlich der nicht verkauften, nicht gekörten, zurückgestellten und nach außerhalb des Zuchtgebietes verkauften Bullen beträgt 9089 = 90,6% der Gesamtzahl von 10027.

Wie später noch näher zu zeigen sein wird, besteht hinsichtlich der Blutlinienzugehörigkeit der für die Kreise erfaßten 78,1% und der Gesamtzahl der erfaßten Bullen von 90,6% fast völlige Gleichheit. Daraus darf mit Sicherheit geschlossen werden, daß die noch fehlenden 9,4% — bzw. bei den Kreisen 21,9% — keine merkliche Verschiebung der Ergebnisse der Untersuchungen in bezug auf die Blutlinienzugehörigkeit gebracht hätten. Somit kann die angewandte Methodik als brauchbar für die Lösung der vorgesehenen Aufgaben bezeichnet werden.

Man könnte meinen, daß durch die zusätzliche Erfassung derjenigen HB-Bullen, die nicht über die ZVA gegangen sind, das Verhältnis zwischen HB-Bullen und K-Bullen verschoben worden ist und die erfaßten Bullen dadurch — auch in bezug auf andere Faktoren — keine repräsentative Auswahl mehr darstellen. Das ist jedoch nicht der Fall, denn innerhalb der ZVA-Bullen beträgt das Verhältnis zwischen HB- und K-Bullen 1294 zu 4787 = 3,77, innerhalb sämtlicher seit dem Jahre 1945 in die Zucht gegangenen Bullen beträgt aber das Verhältnis der HB-Bullen zu den K-Bullen 2,26 (3013 HB, 6825 K), d. h. Bullen, die später HB-Bullen wurden, gingen in geringerer Zahl über die ZVA. Durch die Erfassung auch dieser Bullen erreicht das Verhältnis der für die Kreisanalyse nunmehr zur Verfügung stehenden Bullen (2160 HB, 4878 K) sogar auf Bruchteile genau das für die Gesamtpopulation geltende Verhältnis von 2,26.

Um den Einfluß der KB feststellen zu können, wurden ermittelt:

Sämtliche Besamungsbullen seit Beginn der KB in Brandenburg sowie ihre Standorte auf den verschiedenen Stationen und die Zahl der Erstbesamung je Bulle, je Jahr und je Station.

Die Angaben über die Erstbesamungen wurden aus den vom Jahre 1950 ab beim Ministerium für Land- und Forstwirtschaft vorliegenden Tätigkeitsberichten der Besamungsstationen entnommen. Sie dürfen als einigermaßen genau und die tatsächliche Zahl der besamten Kühe zum Ausdruck bringend angesehen werden, da mit der Angabe der Erstbesamungen die Finanzabrechnung engstens verbunden ist und deshalb die Besamungstechniker gegenüber den Bauern und der Stationsleitung und die Stationsleitungen gegenüber dem Ministerium schon aus diesem Grunde zu einer gewissen Korrektheit verpflichtet sind.

Nach Abschluß der Materialsammlung wurden sämtliche Väterkarten blutlinienweise geordnet. Unter Zuhilfenahme der eingangs erwähnten Literatur und der Herdbücher war es in fast allen Fällen möglich, den Anschluß an eine der bekannten Linien festzustellen. Lediglich bei 0,7% der Bullen konnte infolge fehlender Unterlagen, meist hervorgerufen durch die Kriegseinwirkungen, die Abstammung nur für eine Generation ermittelt und keine Einordnung in eine bestimmte Blutlinie vorgenommen werden. Die Blutlinien sowie die Väter einer Linie wurden fortlaufend numeriert. Für die Reihenfolge der Blutlinien bei der Besprechung und bei der zeichnerischen Darstellung und Auswertung und auch für die Reihenfolge der Stämme und Zweige innerhalb der Linien war die HB-Nummer entscheidend, d. h. bei mehreren Brüdern wurde der mit der niedrigeren HB-Nummer zuerst aufgeführt.

Aus der zeichnerischen Darstellung der Blutlinien aller Bullenväter mit der Angabe der Zahl ihrer Söhne konnte bereits ein Überblick über die zahlenmäßige Verteilung der Blutlinien gewonnen werden ohne Berücksichtigung evtl. abweichender Verhältnisse innerhalb einzelner Kreise. Den in Blutlinien geordneten Väterkarten wurden nunmehr die Karteikarten der Söhne zugeordnet und diese mit der Nummer der Blutlinie und der Nummer des Vaters versehen. Danach war eine blutlinienmäßige Einordnung aller Deckbullen in die brandenburgischen Kreise möglich. Die Zusammenfassung der Kreisergebnisse zuzüglich derjenigen Bullen, deren Kreiszugehörigkeit nicht feststellbar war, bildete die Grundlage für die Auswertung der Gesamtblutlinien.

Die Berechnung der Inzucht- und Verwandtschaftskoeffizienten erfordert die Aufstellung von Ahnentafeln für die zu untersuchenden Tiere. Da diese Koeffizienten nur ein relatives Maß darstellen und sich auf die jeweilige Ausgangsgeneration beziehen, hängt ihre Größe von der Wahl der Ausgangsgeneration ab. Wegen des außergewöhnlich hohen Aufwandes bei der Aufstellung von weit zurückreichenden Ahnentafeln und wegen des immer geringer werdenden Einflusses der weiter zurückliegenden Ahnen genügt es im allgemeinen, für die Berechnung der Inzucht- und Verwandtschaftskoeffizienten 3—6 Generationen zurückzugehen. Selbst in diesem Falle erlaubt die zeitraubende Aufstellung der umfangreichen Ahnentafeln nur die Untersuchung einer begrenzten Zahl von Tieren. Es ist deshalb erforderlich, aus der zu untersuchenden Population eine repräsentative Auswahl von Tieren zu treffen.

Um den Inzucht- und Verwandtschaftsgrad der gegenwärtig jüngsten Generation der brandenburgischen Schwarzbuntzucht zu ermitteln, wurden aus den auf ZVA der Jahre 1956/57 erschienenen Jungbullen unter Berücksichtigung des Anteils der einzelnen Zuchten am Gesamtauftrieb nach einer reinen Zufallsmethode 200 männliche Tiere ausgewählt. Die Ahnentafeln dieser Tiere, die in den Katalogen bis zur 3. Generation zurückreichen, wurden auf 5 Ahnengenerationen ergänzt. Für die quantitativ, d. h. im Hinblick auf die Zahl ihrer Nachkommen, bedeutendsten brandenburgischen Vererber der Nachkriegszeit, d. s. 28 Deckbullen mit 40 und mehr Söhnen, sowie für die quantitativ bedeutendsten Besamungsbullen, d. s. 28 Bullen mit über 5000 Erstbesamungen je Tier während der gesamten Besamungszeit, wurden zum Zwecke der Berechnung der Inzuchtkoeffizienten ebenfalls Ahnentafeln bis zur 5. Generation aufgestellt.

Die Aufstellung der Ahnentafeln mit jeweils 62 Nachkommen war mit sehr großen Schwierigkeiten verbunden, da die Angaben im Herdbuch mitunter nur 1—2 Generationen zurückreichten, so daß die weiter zurückliegenden Ahnen fast alle einzeln aus dem Herdbuch herausgesucht werden mußten. Infolge der Kriegs- und Nachkriegsverhältnisse war eine lückenlose Aufstellung der Ahnentafeln zum Teil nicht möglich.

Um feststellen zu können, inwieweit der Inzucht- und Verwandtschaftsgrad in den letzten Jahren einer Veränderung unterlegen ist, wurden aus den ZVA der Jahre 1953 und 1950 ebenfalls je 200 Bullen nach rein repräsentativen Gesichtspunkten ausgewählt. Zum Zwecke des Vergleichs und der Feststellung einer Entwicklungstendenz konnte für diese Bullen die Verwendung von Ahnentafeln mit 3 Ahnengenerationen als ausreichend angesehen werden.

Die Auswertung der Ahnentafeln zur Berechnung der Inzucht und Verwandtschaft wird im Kapitel IV im Zusammenhang mit der Erläuterung der Begriffe näher beschrieben.

Das gesamte aus den populationsgenetischen Untersuchungen anfallende Zahlenmaterial wurde variationsstatistisch verarbeitet. Dabei kamen folgende Berechnungsformeln und Symbole zur Anwendung:

Mittelwert: $\bar{x} = \frac{f_j \cdot x_j}{n}$

x_j = bestimmter Einzelwert

f_j = Häufigkeit eines bestimmten Einzelwertes

Streuung: $s = \sqrt{\frac{S\,x^2 - x \cdot S\,x}{n-1}}$

n = Anzahl der Einzelwerte (Summe der Häufigkeiten aller Einzelwerte)

Variationskoeffizient: $= \frac{100 \cdot s}{\bar{x}}$

Streuung des Mittelwertes:

(mittlerer Fehler) $s_{\bar{x}} = \frac{s}{\sqrt{n}}$

Mittl. Fehler der Differenz zweier Mittelwerte:

1. bei großen Stichproben (ab $n = 100$)

   a) für $n_1 = n_2$, aus $s_{\bar{x}}$ berechnet:

   $$s_{\bar{d}} = \sqrt{s_{\bar{x}_1}^2 + s_{\bar{x}_2}^2}\,,$$

   b) für n_1 nicht gleich n_2, aus s berechnet:

   $$s_{\bar{d}} = \sqrt{\frac{s_1^2}{n_1} + \frac{s_2^2}{n_2}}\,.$$

2. bei kleinen Stichproben,

   Berechnung der gemeinsamen Streuung

   $$s = \sqrt{\frac{S\,x_1^2 - \bar{x}_1 \cdot S\,x_1 + S\,x_2^2 - \bar{x}_2 \cdot S\,x_2}{n_1 + n_2 - 2}}\,,$$

eingesetzt in:

a) bei $n_1 = n_2$

$$s_{\bar{d}} = \sqrt{\frac{2\,s^2}{n}},$$

b) bei n_1 nicht gleich n_2

$$s_{\bar{d}} = \sqrt{\frac{s^2 \cdot (n_1 + n_2)}{n_1 \cdot n_2}}.$$

p-Schätzung:

1. für $\bar{x}$

$$t\text{-Wert} = \frac{\bar{x}}{s_{\bar{x}}}$$

2. für $\bar{d}$

$$t\text{-Wert} = \frac{\bar{x}_1 - \bar{x}_2}{s_{\bar{d}}}$$

oder $\frac{\bar{d}}{s_{\bar{d}}}$

$\bar{x}$ oder $\bar{d}$ werden als signifikant angesehen, wenn sie mindestens das 1,96fache von $s_{\bar{x}}$ bzw. $s_{\bar{d}}$ betragen.

p-Werte unter 0,1% gelten als sehr gut gesichert
p-Werte von 0,1—1,0% gelten als gut gesichert
p-Werte von 1,0—5,0% gelten als genügend gesichert.

Die Berechnung der Grenzwahrscheinlichkeit unter Berücksichtigung der Zahl der Freiheitsgrade erfolgt auf Grund der von STUDENT errechneten t-Verteilung (17).

D. ERGEBNISSE

I. Die Analyse der Blutlinienzugehörigkeit in den Kreisen (ohne künstliche Besamung)

a) Blutlinientafeln der Kreise

Neben der Blutlinienzugehörigkeit werden noch einige andere Ergebnisse mitgeteilt, die geeignet erscheinen, die züchterischen Verhältnisse in den einzelnen Kreisen näher zu analysieren, und zwar: Der Anteil der HB- und K-Bullen, der Anteil der Väter, d. h. derjenigen HB-Bullen, die gleichzeitig als Bullenlieferanten aufgetreten sind, der Anteil der Importbullen; der sogen. Söhne-Väter-Quotient, d. h. das Verhältnis zwischen Zahl der Söhne und ihrer Väter im Kreis; die Verteilung der untersuchten Bullen auf die einzelnen Zuchtwertklassen.

Die Reihenfolge der Beschreibung der Kreise wird durch deren geographische Lage bestimmt.

Von den Kreisen Ludwigslust, Rathenow, Belzig, Jüterbog, Senftenberg, Pasewalk und Strasburg, deren Gebiet heute in Nachbarbezirke reicht, wurde nur der Teil erfaßt, der innerhalb der Grenzen des ehemaligen Landes Brandenburg liegt. Über die Zusammenhänge der einzelnen Blutlinien und Zweige geben die angefügten zeichnerischen Darstellungen der Blutlinien Auskunft.

In den folgenden Blutlinientafeln ist hinter jedem Stamm neben der Anzahl der Söhne in Klammern die Zahl der Väter angegeben, von denen die Söhne abstammen.

1. Kreis Ludwigslust

Blutlinienverteilung:

General (II) OSt 20509-Linie			
Gessler OSt 26940-Stamm		(2)	2 = 1,1%
Juwel OSt (II) 25486-Linie			
Alges Ast OSt 38438-Stamm	9		
Tom OSt (II) 37286-Stamm	29		
Quintus OSt 28815-Stamm	3 =	(30)	41 = 21,9%

Almerich OSt (II) 45100-Linie				
Albert 1/667-Stamm	2			
Alfons OSt (II) 50100-Stamm	10			
Altgold OSt 50200-Stamm	4			
Allex OSt (I) 51550-Stamm	28 =	(19)	44 =	23,5%
Junior OSt 19300-Linie				
Allex OSt (II) 24495-Stamm	4			
Junior OSt (II) 26947-Stamm	13			
Astor OSt (II) 40867-Stamm	3 =	(11)	20 =	10,7%
Berthold OSt 23174-Linie				
Bernard OSt (II) 29922-Stamm	42			
Jelto OSt 33717-Stamm	1 =	(33)	43 =	23,0%
Prior OSt (I) 21809-Linie				
Primus OSt (II) 26945-Stamm		(6)	11 =	5,9%
Adema FRS (I) 22231-Linie				
Bontjes Adema FRS (II) 24674-Stamm		(11)	23 =	12,3%
Sonstige FRS-ASL-Linien		(1)	1 =	0,5%
OPH-Linien		(2)	2 =	1,1%
	Sa.	(115)	187 =	100%

Anteil der HB-Bullen = 131 = 70,1%
Anteil der K-Bullen = 56 = 29,9%
Anteil der Väter = 101 = 54,0%
Anteil der Importbullen = 7 = 3,7%
3 PS-Bullen
2 OSt-Bullen
1 OH-Bulle
1 FRS-Bulle

Söhne-Väter-Quotient = 1,62

Zuchtwertkl.: I = 10 = 5,5% III = 71 = 39,2%
II = 99 = 54,7% IV = 1 = 0,6%

2. Kreis Perleberg (einschl. brandenburger Teil vom Kreis Havelberg)

Blutlinienverteilung:

General OSt (II) 20509-Linie				
Gessler OSt 26940-Stamm		(14)	24 =	4,0%
Juwel OSt (II) 25486-Linie				
Alges Ast OSt 38438-Stamm	3			
Tom OSt (II) 37286-Stamm	33			
Graf Kobold OSt 32370-Stamm	85			
Quintus Udo OSt 26983-Stamm	1 =	(37)	122 =	20,3%

Almerich OSt (II) 45100-Linie		
Albert 1/667-Stamm	2	
Amtmann 2/1326-Stamm	3	
Alfons OSt (II) 50100-Stamm	13	
Altgold OSt 50200-Stamm	10	
Allex OSt (I) 51550-Stamm	74	
Ansbach OSt 51600-Stamm	1	
Arno OH 19940-Stamm	1	
Albert PS 15692-Stamm	1 =	(38) 105 = 17,4%
Junior OSt 19300-Linie		
Allex OSt (II) 24495-Stamm	8	
Junior OSt (II) 26947-Stamm	35	
Der Jude OSt 27895-Stamm	44 =	(38) 87 = 14,5%
Berthold OSt 23174-Linie		
Bernhard OSt (II) 29922-Stamm	157	
Bertholds Nachfolger OSt 33004-Stamm	1	
Jelto OSt 33717-Stamm	12	
Borusse OSt 34149-Stamm	1	
Immo JH 78516-Stamm	1 =	(103) 172 = 28,6%
Prior OSt (I) 21809-Linie		
Primus OSt (II) 26945-Stamm		(4) 17 = 2,8%
Nero OSt 1672-Linie		(2) 2 = 0,3%
Adema FRS (I) 22231-Linie		
Bontjes Adema FRS (II) 24674-Stamm	53	
Arnold FRS 25351-Stamm	2	
Keizer FRS 26878-Stamm	1 =	(21) 56 = 9,3%
Sonstige FRS-ASL-Linien		(4) 4 = 0,7%
OH-Linien		(5) 5 = 0,8%
OPH-Linien		(4) 8 = 1,3%
	Sa.	(270) 602 = 100%

Anteil der HB-Bullen = 218 = 36,2%
Anteil der K-Bullen = 384 = 63,8%
Anteil der Väter = 125 = 20,8%
Anteil der Importbullen = 26 = 4,3%
13 PS-Bullen
6 OSt-Bullen
5 LMR-Bullen
1 OH-Bulle
1 OPH-Bulle

Söhne-Väter-Quotient = 2,22

Zuchtwertkl. I = 6 = 1,0%
II = 205 = 34,8%
III = 353 = 60,0%
IV = 25 = 4,2%

3. Kreis Kyritz

Blutlinienverteilung:

General OSt (II) 20509-Linie		
Genosse OSt 25767-Stamm	1	
Gessler OSt 26940-Stamm	27 =	(14) 28 = 5,6%
Juwel OSt (II) 25486-Linie		
Alges Ast OSt 38438-Stamm	1	
Tom OSt (II) 37286-Stamm	22	
Graf Kobold OSt 32370-Stamm	94	
Quirinal OSt (II) 27882-Stamm	1	
Quintus OSt 28815-Stamm	3 =	(40) 121 = 24,3%
Almerich OSt (II) 45100-Linie		
Altist 1/421-Stamm	2	
Albert 1/667-Stamm	12	
Alfons OSt (II) 50100-Stamm	8	
Altgold OSt 50200-Stamm	4	
Allex OSt (I) 51550-Stamm	84	
Ansbach OSt 51600-Stamm	1	
Artur OSt 54800-Stamm	3	
Alwin OSt 54967-Stamm	1	
Albert PS 15692-Stamm	1 =	(43) 116 = 23,3%
Junior OSt 19300-Linie		
Allex OSt (II) 24495-Stamm	7	
Junior OSt (II) 26947-Stamm	13	
Der Jude OSt 27985-Stamm	42 =	(35) 62 = 12,5%
Berthold OSt 23174-Linie		
Mangold OSt 25753-Stamm	2	
Bernhard OSt (II) 29922-Stamm	76	
Jelto OSt 33717-Stamm	2	
Borusse OSt 34149-Stamm	1	
Immo JH 78516-Stamm	1 =	(51) 82 = 16,5%
Prior OSt (I) 21809-Linie		
Primus OSt (II) 26945-Stamm		(5) 13 = 2,6%
Mozart PS 4622-Linie		
Siegfried PS 7970-Stamm		(1) 1 = 0,2%
Adema FRS (I) 22231-Linie		
Bontjes Adema FRS (II) 24674-Stamm	45	
Arnold FRS 25351-Stamm	3	
Hiltjes Adema FRS 25553-Stamm	1	
Eduard FRS 26752-Stamm	3	
Keizer FRS 26878-Stamm	1	
Bernard FRS 27067-Stamm	2 =	(24) 55 = 11,1%

Sonstige FRS-ASL-Linien		(8)	12 = 2,4%
OH-Linien		(2)	2 = 0,4%
OPH-Linien		(2)	4 = 0,8%
Ohne Blutlinienzugehörigkeit		(1)	1 = 0,2%
	Sa.	(226)	497 = 100%

Anteil der HB-Bullen = 225 = 45,3%
Anteil der K-Bullen = 272 = 54,8%
Anteil der Väter = 106 = 21,3%
Anteil der Importbullen = 54 = 10,9%
29 PS-Bullen
19 OSt-Bullen
1 LHB-Bulle
3 FRS-Bullen
2 ASL-Bullen

Söhne-Väter-Quotient = 2,2
Zuchtwertkl.: I = 8 = 1,6%
II = 225 = 46,4%
III = 244 = 50,3%
IV = 8 = 1,6%

4. Kreis Pritzwalk

Blutlinienverteilung:

General OSt (II) 20509-Linie			
Gessler OSt 26940-Stamm		(9)	17 = 4,1%
Juwel OSt (II) 25486-Linie			
Alges Ast OSt 38438-Stamm	2		
Tom OSt (II) 37286-Stamm	18		
Graf Kobold OSt 32370-Stamm	69		
Quintus Udo OSt 26983 Stamm	1		
Quintus OSt 28815-Stamm	1 =	(45)	91 = 21,8%
Almerich OSt (II) 45100-Linie			
Altist 1/421-Stamm	1		
Albert 1/667-Stamm	6		
Alfons OSt (II) 50100-Stamm	6		
Altgold OSt 50200-Stamm	10		
Allex OSt (I) 51550-Stamm	64 =	(26)	83 = 19,9%
Junior OSt 19300-Linie			
Allex OSt (II) 24495-Stamm	8		
Junior OSt (II) 26947-Stamm	12		
Der Jude OSt 27895-Stamm	27 =	(28)	47 = 11,2%

Berthold OSt 23174-Linie				
Mangold OSt 25753-Stamm	2			
Bernhard OSt (II) 29922-Stamm	84			
Bertholds Nachfolger OSt 33004-Stamm	1			
Jelto OSt 33717-Stamm	5			
Borusse OSt 34149-Stamm	1			
Immo JH 78516-Stamm	1 =	(41)	94 =	22,5%
Prior OSt (I) 21809-Linie				
Primus OSt (II) 26945-Stamm		(3)	12 =	2,9%
Adema FRS (I) 22231-Linie				
Bontjes Adema FRS (II) 24674-Stamm	45			
Keizer FRS 26878-Stamm	2 =	(15)	47 =	11,3%
Sonstige FRS-ASL-Linien		(5)	14 =	3,5%
OH-Linien		(5)	6 =	1,4%
OPH-Linien		(3)	6 =	1,4%
	Sa.	(180)	417 =	100%

Anteil der HB-Bullen	= 105 =	25,2%
Anteil der K-Bullen	= 312 =	74,8%
Anteil der Importbullen	= 24 =	5,8%
Anteil der Väter	= 45 =	10,8%
	15 PS-Bullen	
	1 OSt-Bulle	
	2 LMR-Bullen	
	2 ASL-Bullen	
	1 FRS-Bulle	
	3 OH-Bullen	

Söhne-Väter-Quotient = 2,32

Zuchtwertkl.:	I =	5 =	1,2%
	II =	160 =	38,6%
	III =	238 =	57,5%
	IV =	11 =	2,7%

5. Kreis Wittstock

Blutlinienverteilung:

General OSt (II) 20509-Linie				
Gessler OSt 26940-Stamm		(4)	7 =	4,4%
Juwel OSt (II) 25486-Linie				
Tom OSt (II) 37286-Stamm	13			
Graf Kobold OSt 32370-Stamm	22			
Quintus OSt 28815-Stamm	1 =	(20)	36 =	22,6%

Almerich OSt (II) 45100-Linie			
Alfons OSt (II) 50100-Stamm	3		
Altgold OSt 50200-Stamm	3		
Allex OSt (I) 51550-Stamm	25		
Albert PS 15692-Stamm	1 =	(17)	32 = 20,1%
Junior OSt 19300-Linie			
Allex OSt (II) 24495-Stamm	4		
Junior OSt (II) 26947-Stamm	8		
Der Jude OSt 27895-Stamm	5 =	(13)	17 = 10,7%
Berthold OSt 23174-Linie			
Bernhard OSt (II) 29922-Stamm	28		
Berthold OSt (II) 30513-Stamm	1		
Bertholds Nachfolger OSt 33004-Stamm	1		
Jelto OSt 33717-Stamm	1		
Borusse OSt 34149-Stamm	1 =	(25)	32 = 20,1%
Prior OSt (I) 21809-Linie			
Primus OSt (II) 26945-Stamm		(7)	11 = 6,9%
Adema FRS (I) 22231-Linie			
Bontjes Adema FRS (II) 24674-Stamm		(9)	19 = 11,9%
Sonstige FRS-ASL-Linien		(1)	4 = 2,5%
OPH-Linien		(1)	1 = 0,6%
	Sa.	(97)	159 = 100%

Anteil der HB-Bullen = 31 = 19,5%
Anteil der K-Bullen = 128 = 80,5%
Anteil der Väter = 11 = 6,9%
Anteil der Importbullen = 9 = 5,7%
7 PS-Bullen
1 LMR-Bulle
1 LHB-Bulle

Söhne-Väter-Quotient = 1,64
Zuchtwertkl.: I = 1 = 0,6%
II = 54 = 34,1%
III = 98 = 62,0%
IV = 5 = 3,2%

6. Kreis Neuruppin

Blutlinienverteilung:

General OSt (II) 20509-Linie			
Gessler OSt 26940-Stamm		(7)	10 = 3,5%
Juwel OSt (II) 25486-Linie			
Alges Ast OSt 38438-Stamm	3		
Tom OSt (II) 37286-Stamm	8		
Graf Kobold OSt 32370-Stamm	31		
Quintus OSt 28815-Stamm	2 =	(30)	44 = 15,4%

Almerich OSt (II) 45100-Linie			
Alfons OSt (II) 50100-Stamm	8		
Altgold OSt 50200-Stamm	9		
Allex OSt (I) 51550-Stamm	50		
Ansbach OSt 51600-Stamm	2		
Artur OSt 54800-Stamm	3		
Alwin OSt 54967-Stamm	1		
Albert PS 15692-Stamm	1 =	(32)	74 = 25,9%
Junior OSt 19300-Linie			
Allex OSt (II) 24495-Stamm	12		
Junior OSt (II) 26947-Stamm	8		
Der Jude OSt 27895-Stamm	29 =	(33)	49 = 17,1%
Berthold OSt 23174-Linie			
Bernhard OSt (II) 29922-Stamm	49		
Bertholds Nachfolger OSt 33004-Stamm	2		
Jelto OSt 33717-Stamm	2		
Borusse OSt 34149-Stamm	1		
Immo JH 78516-Stamm	1 =	(36)	55 = 19,2%
Prior OSt (I) 21809-Linie			
Primus OSt (II) 26945-Stamm		(3)	9 = 3,1%
Nero OSt 1672-Linie		(1)	1 = 0,3%
Adema FRS (I) 22231-Linie			
Bontjes Adema FRS (II) 24674-Stamm		(9)	28 = 9,8%
Sonstige FRS-ASL-Linien		(5)	7 = 2,4%
JH-Linien		(1)	1 = 0,3%
OH-Linien		(2)	2 = 0,7%
OPH-Linien		(4)	6 = 2,1%
	Sa.	(163)	286 = 100%

Anteil der HB-Bullen = 79 = 27,6%
Anteil der K-Bullen = 207 = 72,4%
Anteil der Väter = 21 = 7,3%
Anteil der Importbullen = 41 = 14,3%
35 PS-Bullen
3 OSt-Bullen
1 OH-Bulle
1 LMR-Bulle
1 ASL-Bulle

Söhne-Väter-Quotient = 1,75

Zuchtwertkl.: I = 1 = 0,4%
II = 153 = 55,0%
III = 120 = 43,2%
IV = 4 = 1,4%

7. Kreis Gransee

Blutlinienverteilung:

General OSt (II) 20509-Linie				
Genosse OSt 25767-Stamm	1			
Gessler OSt 26940-Stamm	10 =	(5)	11 =	7,3%
Juwel OSt (II) 25486-Linie				
Tom OSt (II) 37286-Stamm	6			
Graf Kobold OSt 32370-Stamm	13			
Quintus OSt 28815-Stamm	1 =	(17)	20 =	13,2%
Almerich OSt (II) 45100-Linie				
Alfons OSt (II) 50100-Stamm	2			
Altgold OSt 50200-Stamm	2			
Allex OSt (I) 51550-Stamm	31			
Artur OSt 54800-Stamm	2			
Astrologe OH 17673-Stamm	1			
Albert PS 15692-Stamm	2			
Allah LMR 5327-Stamm	1 =	(27)	41 =	27,2%
Junior OSt 19300-Linie				
Allex OSt (II) 24495-Stamm	5			
Junior OSt (II) 26947-Stamm	2			
Der Jude OSt 27895-Stamm	12 =	(16)	19 =	12,6%
Berthold OSt 23174-Linie				
Mangold OSt 25753-Stamm	22			
Bertholds Nachfolger OSt 33004-Stamm	1			
Jelto OSt 33717-Stamm	1			
Borusse OSt 34149-Stamm	2 =	(19)	26 =	17,2%
Prior OSt (I) 21809-Linie				
Primus OSt (II) 26945-Stamm		(2)	4 =	2,6%
Adema FRS (I) 22231-Linie				
Bontjes Adema FRS (II) 24674-Stamm	19			
Arnold FRS 25351-Stamm	1			
Thomas FRS 27787-Stamm	1 =	(14)	21 =	13,9%
Sonstige FRS-ASL-Linien		(3)	6 =	4,0%
OH-Linien		(1)	1 =	0,7%
OPH-Linien		(1)	1 =	0,7%
Ohne Blutlinienzugehörigkeit		(1)	1 =	0,7%
	Sa.	(106)	151 =	100%

Anteil der HB-Bullen	= 52	=	34,4%
Anteil der K-Bullen	= 99	=	65,6%
Anteil der Väter	= 15	=	9,9%
Anteil der Importbullen	= 28	=	18,6%

15 PS-Bullen
3 OSt-Bullen
4 LMR-Bullen
1 SHG-Bulle
5 ASL-Bullen

Söhne-Väter-Quotient = 1,42

Zuchtwertkl.:	I =	3 =	2,0%
	II =	71 =	48,0%
	III =	72 =	48,6%
	IV =	2 =	1,4%

8. Kreis Oranienburg

Blutlinienverteilung:

General OSt (II) 20509-Linie			
Gessler OSt 26940-Stamm		(4)	4 = 3,1%
Juwel OSt (II) 25486-Linie			
Tom OSt (II) 37286-Stamm	4		
Graf Kobold OSt 32370-Stamm	14 =	(10)	18 = 13,7%
Almerich OSt (II) 45100-Linie			
Adelbert 3/945-Stamm	2		
Altgold OSt 50200-Stamm	2		
Allex OSt (I) 51550-Stamm	27		
Ansbach OSt 51600-Stamm	1		
Aribert OSt 51800-Stamm	3		
Alfons OSt 52320-Stamm	1		
Astrologe OH 17673-Stamm	2		
Albert PS 15692-Stamm	1 =	(27)	39 = 29,8%
Junior OSt 19300-Linie			
Allex OSt (II) 24495-Stamm	6		
Junior OSt (II) 26947-Stamm	2		
Der Jude OSt 27895-Stamm	5 =	(12)	13 = 10,0%
Berthold OSt 23174-Linie			
Bernhard OSt (II) 29922-Stamm	16		
Bertholds Nachfolger OSt 33004-Stamm	1		
Borusse OSt 34149-Stamm	2 =	(15)	19 = 14,5%
Prior OSt (I) 21809-Linie			
Primus OSt (II) 26945-Stamm		(2)	3 = 2,3%
Nero OSt 1672-Linie		(1)	1 = 0,8%

Adema FRS (I) 22231-Linie			
Bontjes Adema FRS (II) 24674-Stamm	11		
Arnold FRS 25351-Stamm	1		
Eduard FRS 26752-Stamm	4 =	(14)	16 = 12,2%
Sonstiges FRS-ASL-Linien		(7)	15 = 11,5%
OH-Linien		(1)	1 = 0,8%
OPH-Linien		(1)	2 = 1,5%
	Sa.	(94)	131 = 100%

Anteil der HB-Bullen = 71 = 54,2%
Anteil der K-Bullen = 60 = 45,8%
Anteil der Väter = 22 = 16,8%
Anteil der Importbullen = 26 = 19,8%
17 PS-Bullen
6 OSt-Bullen
3 OH-Bullen

Söhne-Väter-Quotient = 1,39
Zuchtwertkl.: I = 3 = 2,4%
II = 54 = 43,2%
III = 63 = 50,4%
IV = 5 = 4,0%

9. Kreis Nauen

Blutlinienverteilung:

General OSt (II) 20509-Linie			
Gessler OSt 26940-Stamm		(6)	8 = 2,7%
Juwel OSt (II) 25486-Linie			
Alges Ast OSt 38438-Stamm	3		
Tom OSt (II) 37286-Stamm	14		
Graf Kobold OSt 32370-Stamm	36		
Quintus OSt 28815-Stamm	1 =	(33)	54 = 18,2%
Almerich OSt (II) 45100-Linie			
Albert 1/667-Stamm	5		
Amtmann 3/1326-Stamm	2		
Alfons OSt (II) 50100-Stamm	15		
Altgold OSt 50200-Stamm	1		
Allex OSt (I) 51550-Stamm	41		
Ansbach OSt 51600-Stamm	2		
Aribert OSt 51800-Stamm	1		
Artur OSt 54800-Stamm	1		
Alwin OSt 54967-Stamm	21		
Albert PS 15692-Stamm	3 =	(40)	71 = 24,3%

Junior OSt 19300-Linie			
Allex OSt (II) 24495-Stamm	10		
Junior OSt (II) 26947-Stamm	11		
Der Jude OSt 27895-Stamm	38 =	(44) 59 =	19,9%
Berthold OSt 23174-Linie			
Bernhard OSt (II) 29922-Stamm	43		
Bertholds Nachfolger OSt 33004-Stamm	1		
Jelto OSt 33717-Stamm	2		
Borusse OSt 34149-Stamm	5		
Immo JH 78516-Stamm	1 =	(39) 51 =	17,3%
Prior OSt (I) 21809-Linie			
Primus OSt (II) 26945-Stamm		(2) 10 =	3,4%
Adema FRS (I) 22231-Linie			
Bontjes Adema (II) FRS 24674-Stamm	17		
Hiltjes Adema FRS 25553-Stamm	1		
Eduard FRS 26752-Stamm	3		
Bernard FRS 27067-Stamm	1		
Sil FRS 27987-Stamm	2 =	(16) 24 =	8,1%
Sonstige FRS-ASL-Linien		(13) 14 =	4,7%
JH-Linien		(1) 1 =	0,3%
OH-Linien		(2) 2 =	0,7%
OPH-Linien		(1) 1 =	0,3%
	Sa.	(197) 296 =	100%

Anteil der HB-Bullen = 108 = 36,5%
Anteil der K-Bullen = 188 = 63,5%
Anteil der Väter = 38 = 12,8%
Anteil der Importbullen = 65 = 22,0%
42 PS-Bullen
10 OSt-Bullen
6 ASL-Bullen
2 SHG-Bullen
2 Dä-Bullen
3 LMR-Bullen

Söhne-Väter-Quotient = 1,50
Zuchtwertkl.: I = 4 = 1,4%
II = 161 = 55,3%
III = 117 = 40,2%
IV = 9 = 3,1%

10. Kreis Potsdam

Blutlinienverteilung:

General OSt (II) 20509-Linie			
Gessler OSt 26940-Stamm		(7)	7 = 3,5%
Juwel OSt (II) 25486-Linie			
Tom OSt (II) 37286-Stamm	10		
Alges Ast OSt 38438-Stamm	1		
Graf Kobold OSt 32370-Stamm	11		
Knud OSt 34000-Stamm	1 =	(18)	23 = 11,6%
Almerich OSt (II) 45100-Linie			
Albert 1/667-Stamm	1		
Alfons OSt (II) 50100-Stamm	14		
Altgold OSt 50200-Stamm	1		
Amor OSt 50250-Stamm	2		
Ansturm OSt 50669-Stamm	1		
Allex OSt (I) 51550-Stamm	35		
Artur OSt 54800-Stamm	1		
Alwin OSt 54967-Stamm	1		
Albert PS 15692-Stamm	3 =	(37)	59 = 29,4%
Junior OSt 19300-Linie			
Allex OSt (II) 24495-Stamm	5		
Junior OSt (II) 26947-Stamm	2		
Der Jude OSt 27895-Stamm	28 =	(29)	35 = 17,6%
Berthold OSt 23174-Linie			
Mangold OSt 25753-Stamm	1		
Bernhard OSt 28319-Stamm	1		
Bernhard OSt (II) 29922-Stamm	23		
Borusse OSt 34149-Stamm	5 =	(26)	30 = 15,1%
Prior OSt (I) 21809-Linie			
Primus OSt (II) 26945-Stamm		(2)	2 = 1,0%
Adema FRS (I) 22231-Linie			
Bontjes Adema FRS (II) 26674-Stamm	15		
Alardus FRS 25445-Stamm	2		
Hiltjes Adema FRS 25553-Stamm	1		
Eduard FRS 26752-Stamm	4		
Bernhard FRS 27067-Stamm	1 =	(20)	23 = 11,6%
Sonstige FRS-ASL-Linien		(6)	7 = 3,5%
JH-Linien		(4)	4 = 2,0%
OH-Linien		(5)	6 = 3,0%
OPH-Linien		(1)	2 = 1,0%
WPH-Linien		(1)	1 = 0,5%
	Sa.	(156)	199 = 100%

Anteil der HB-Bullen	=	42 =	21,1%
Anteil der K-Bullen	=	157 =	78,9%
Anteil der Väter	=	14 =	7,0%
Anteil der Importbullen	=	40 =	20,1%
		31 PS-Bullen	
		3 OSt-Bullen	
		2 LMR-Bullen	
		1 Dä-Bulle	
		3 ASL-Bullen	

Söhne-Väter-Quotient = 1,27

Zuchtwertkl.:	I =	1 =	0,5%
	II =	90 =	45,5%
	III =	104 =	52,5%
	IV =	3 =	1,5%

11. Kreis Brandenburg

Blutlinienverteilung:

General OSt (II) 20509-Linie			
Gessler OSt 26940-Stamm		(4)	6 = 3,6%
Juwel OSt (II) 25486-Linie			
Alges Ast OSt 38438-Stamm	2		
Tom OSt (II) 37286-Stamm	8		
Graf Kobold OSt 32370-Stamm	17		
Knud OSt 34000-Stamm	1		
Quintus OSt 28815-Stamm	1 =	(17)	29 = 17,4%
Almerich OSt (II) 45100-Linie			
Albert 1/667-Stamm	1		
Alfons OSt (II) 50100-Stamm	9		
Altgold OSt 50200-Stamm	4		
Amor OSt 50250-Stamm	1		
Allex OSt (I) 51550-Stamm	20		
Aribert OSt 51800-Stamm	1		
Alwin OSt 54967-Stamm	1		
Albert PS 15692-Stamm	1 =	(23)	38 = 22,8%
Junior OSt 19300-Linie			
Allex OSt (II) 24495-Stamm	4		
Junior OSt (II) 26947-Stamm	6		
Der Jude OSt 27895-Stamm	19 =	(22)	29 = 17,4%
Berthold OSt 23174-Linie			
Mangold OSt 25753-Stamm	1		
Bernhard OSt (II) 29922-Stamm	32		
Bertholds Nachfolger OSt 33004-Stamm	3		
Borusse OSt 34149-Stamm	3 =	(29)	39 = 23,4%

Prior OSt (I) 21809-Linie			
Primus (II) 26945-Stamm		(2)	2 = 1,2%
Adema FRS (I) 22231-Linie			
Bontjes Adema FRS (II) 24674-Stamm	17		
Alardus FRS 25445-Stamm	1		
Eduard FRS 26752-Stamm	1 =	(14)	19 = 11,4%
Sonstige FRS-ASL-Linien		(1)	1 = 0,6%
OH-Linien		(4)	4 = 2,4%
	Sa.	(116)	167 = 100%

Anteil der HB-Bullen = 21 = 12,6%
Anteil der K-Bullen = 146 = 87,4%
Anteil der Väter = 1 = 0,6%
Anteil der Importbullen = 38 = 22,8%
34 PS-Bullen
3 LMR-Bullen
1 SHG-Bulle

Söhne-Väter-Quotient = 1,44
Zuchtwertkl.: I = 0 = 0,0%
II = 59 = 35,6%
III = 99 = 59,7%
IV = 8 = 4,8%

12. Kreis Rathenow

Blutlinienverteilung:

General OSt (II) 20509-Linie			
Gessler OSt 26940-Stamm		(8)	11 = 5,0%
Juwel OSt (II) 25486-Linie			
Alges Ast OSt 38438-Stamm	1		
Tom OSt (II) 37286-Stamm	4		
Graf Kobold OSt 32370-Stamm	24 =	(23)	29 = 13,1%
Almerich OSt (II) 45100-Linie			
Altist 1/421-Stamm	1		
Albert 1/667-Stamm	1		
Amtmann 2/1326-Stamm	4		
Alfons OSt (II) 50100-Stamm	7		
Altgold OSt 50200-Stamm	2		
Allex OSt (I) 51550-Stamm	34		
Artur OSt 54800-Stamm	2		
Albert PS 15692-Stamm	1 =	(37)	52 = 23,4%
Junior OSt 19300-Linie			
Allex OSt (II) 24495-Stamm	5		
Junior OSt (II) 26947-Stamm	8		
Der Jude OSt 27895-Stamm	22 =	(22)	35 = 15,8%

Berthold OSt 23174-Linie			
Bernhard OSt (II) 29922-Stamm	35		
Berthold OSt (II) 30513-Stamm	1		
Bertholds Nachfolger OSt 33004-Stamm	3		
Jelto OSt 33717-Stamm	3		
Borusse OSt 34149-Stamm	1 =	(33)	43 = 19,4%
Prior OSt (I) 21809-Linie			
Junus OSt 24871-Stamm	2		
Primus OSt (II) 26945-Stamm	4 =	(5)	6 = 2,7%
Adema FRS (I) 22231-Linie			
Bontjes Adema FRS (II) 24674-Stamm	27		
Arnold FRS 25351-Stamm	1		
Eduard FRS 26752-Stamm	3		
David FRS 26956-Stamm	1		
Bernard FRS 27067-Stamm	6 =	(20)	38 = 17,1%
Sonstige FRS-ASL-Linien		(2)	5 = 2,3%
JH-Linien		(1)	1 = 0,5%
OH-Linien		(1)	1 = 0,5%
OPH-Linien		(1)	1 = 0,5%
	Sa.	(153)	222 = 100%

Anteil der HB-Bullen = 69 = 31,1%
Anteil der K-Bullen = 153 = 68,9%
Anteil der Väter = 32 = 14,4%
Anteil der Importbullen = 53 = 23,9%
48 PS-Bullen
4 OSt-Bullen
1 Dä-Bulle

Söhne-Väter-Quotient = 1,45

Zuchtwertkl.: I = 1 = 0,5%
II = 97 = 44,5%
III = 111 = 50,9%
IV = 9 = 4,1%

13. Kreis Belzig

Blutlinienverteilung:

General OSt (II) 20509-Linie			
Gessler OSt 26940-Stamm		(3)	5 = 2,0%
Juwel OSt (II) 25486-Linie			
Alges Ast OSt 38438-Stamm	2		
Tom OSt (II) 37286-Stamm	12		
Graf Kobold OSt 32370-Stamm	14		
Knud OSt 34000-Stamm	3 =	(24)	31 = 12,2%

Almerich (II) 45100-Linie				
Amtmann 2/1326-Stamm	1			
Alfons OSt (II) 50100-Stamm	13			
Altgold OSt 50200-Stamm	6			
Amos OSt 50750-Stamm	4			
Allex OSt (I) 51550-Stamm	21			
Artur OSt 54800-Stamm	5			
Alwin OSt 54967-Stamm	1			
Astrologe OSt 55250-Stamm	1			
Albert PS 15692-Stamm	5 =	(41)	57 =	22,4%
Junior OSt 19300-Linie				
Allex OSt (II) 24495-Stamm	5			
Junior OSt (II) 26947-Stamm	1			
Der Jude OSt 27895-Stamm	41 =	(36)	47 =	18,5%
Berthold OSt 23174-Linie				
Mangold OSt 25753-Stamm	52			
Bertholds Nachfolger OSt 33004-Stamm	2			
Jelto OSt 33717-Stamm	1			
Borusse OSt 34149-Stamm	2 =	(36)	57 =	22,4%
Prior OSt (I) 21809-Linie				
Primus OSt (II) 26945-Stamm		(2)	4 =	1,6%
Adema FRS (I) 22231-Linie				
Bontjes Adema FRS (II) 26674-Stamm		(10)	20 =	7,9%
JH-Linien		(4)	7 =	2,8%
OH-Linien		(11)	24 =	9,4%
OPH-Linien		(2)	2 =	0,8%
	Sa.	(169)	254 =	100%

Anteil der HB-Bullen = 64 = 25,2%
Anteil der K-Bullen = 190 = 74,8%
Anteil der Väter = 32 = 12,6%
Anteil der Importbullen = 40 = 15,7%
31 PS-Bullen
5 OSt-Bullen
3 OH-Bullen
1 LMR-Bulle

Söhne-Väter-Quotient = 1,50

Zuchtwertkl.: I = 1 = 0,4%
II = 82 = 34,6%
III = 147 = 62,0%
IV = 7 = 3,0%

14. Kreis Jüterbog

Blutlinienverteilung:

General OSt (II) 20509-Linie			
Gessler OSt 26940-Stamm		(5)	6 = 2,4%
Juwel OSt (II) 25486-Linie			
Tom OSt (II) 37286-Stamm	5		
Graf Kobold OSt 32370-Stamm	15		
Knud OSt 34000-Stamm	5		
Quapp OSt 29757-Stamm	1		
Quintus OSt 28815-Stamm	1 =	(23)	27 = 10,8%
Almerich OSt (II) 45100-Linie			
Albert 1/667-Stamm	1		
Alfons OSt (II) 50100-Stamm	9		
Altgold OSt 50200-Stamm	7		
Amor OSt 50250-Stamm	1		
Ebbel OSt 50510-Stamm	1		
Amos OSt 50750-Stamm	2		
Allex OSt (I) 51550-Stamm	12		
Ansbach OSt 51600-Stamm	1		
Artur OSt 54800-Stamm	3		
Alwin OSt 54967-Stamm	2		
Albert PS 15692-Stamm	1 =	(31)	40 = 15,9%
Junior OSt 19300-Linie			
Allex OSt (II) 24495-Stamm	4		
Junior OSt (II) 26947-Stamm	7		
Der Jude OSt 27895-Stamm	67 =	(50)	78 = 31,2%
Berthold OSt 23174-Linie			
Bernhard OSt 28319-Stamm	3		
Bernhard OSt (II) 29922-Stamm	49		
Bertholds Nachfolger OSt 33004-Stamm	1		
Jelto OSt 33717-Stamm	2		
Borusse OSt 34149-Stamm	1 =	(42)	56 = 22,3%
Prior OSt (I) 21809-Linie			
Primus OSt (II) 26945-Stamm		(1)	1 = 0,4%
Adema FRS (I) 22231-Linie			
Bontjes Adema FRS (II) 24674-Stamm		(8)	10 = 0,4%
JH-Linien		(10)	19 = 7,6%
OH-Linien		(9)	10 = 4,0%
OPH-Linien		(2)	2 = 0,8%
Ohne Blutlinienzugehörigkeit		(2)	2 = 0,8%
	Sa.	(183)	251 = 100%

Anteil der HB-Bullen	= 130 = 51,8%	
Anteil der K-Bullen	= 121 = 48,2%	
Anteil der Väter	= 79 = 31,5%	
Anteil der Importbullen	= 55 = 21,9%	
	40 PS-Bullen	
	10 OSt-Bullen	
	2 JH-Bullen	
	3 OH-Bullen	

Söhne-Väter-Quotient = 1,37

Zuchtwertkl.:	I =	1 =	0,4%
	II =	113 =	46,3%
	III =	123 =	50,4%
	IV =	7 =	2,9%

15. Kreis Luckenwalde

Blutlinienverteilung:

General OSt (II) 20509-Linie			
Gessler OSt 26940-Stamm		(6)	7 = 3,7%
Juwel OSt (II) 25486-Linie			
Alges Ast OSt 38438-Stamm	1		
Tom OSt (II) 37286-Stamm	2		
Graf Kobold OSt 32370-Stamm	11		
Knud OSt 34000-Stamm	5		
Quintus OSt 28815-Stamm	2 =	(16)	21 = 11,0%
Almerich OSt (II) 45100-Linie			
Alfons OSt (II) 50100-Stamm	4		
Altgold OSt 50200-Stamm	6		
Amor OSt 50250-Stamm	3		
Allex OSt (I) 51550-Stamm	21		
Ansbach OSt 51600-Stamm	1		
Aribert OSt 51800-Stamm	1		
Artur OSt 54800-Stamm	1		
Alwin OSt 54967-Stamm	1		
Albert PS 15692-Stamm	2 =	(30)	40 = 21,0%
Junior OSt 19300-Linie			
Allex OSt (II) 24495-Stamm	3		
Junior OSt (II) 26947-Stamm	5		
Der Jude OSt 27895-Stamm	32 =	(31)	40 = 21,0%
Berthold OSt 23174-Linie			
Mangold OSt 25753-Stamm	1		
Bernhard OSt (II) 29922-Stamm	31		
Bertholds Nachfolger OSt 33004-Stamm	1		
Jelto OSt 33717-Stamm	1		
Immo JH 78516-Stamm	1 =	(25)	35 = 18,3%

Prior OSt (I) 21809-Linie			
Primus OSt (II) 26945-Stamm		(3)	3 = 1,6%
Adema FRS (I) 22231-Linie			
Bontjes Adema FRS (II) 24674-Stamm	12		
Eduard FRS 26752-Stamm	1		
Bernhard FRS 27067-Stamm	2 =	(14)	15 = 7,9%
Sonstige FRS-ASL-Linien		(2)	4 = 2,1%
JH-Linien		(7)	8 = 4,2%
OH-Linien		(10)	14 = 7,3%
OPH-Linien		(1)	1 = 0,5%
Ohne Blutlinienzugehörigkeit		(1)	3 = 1,6%
	Sa.	(146)	191 = 100%

Anteil der HB-Bullen = 53 = 28,8%
Anteil der K-Bullen = 136 = 71,2%
Anteil der Väter = 30 = 15,7%
Anteil der Importbullen = 21 = 11,5%
12 PS-Bullen
4 OSt-Bullen
4 OH-Bullen
1 FRS-Bulle

Söhne-Väter-Quotient = 1,31

Zuchtwertkl.: I = 1 = 0,5%
II = 60 = 32,1%
III = 121 = 64,7%
IV = 5 = 2,7%

16. Kreis Zossen

Blutlinienverteilung:

General OSt (II) 20509-Linie			
Gessler OSt 26940-Stamm		(3)	3 = 1,3%
Juwel OSt (II) 25486-Linie			
Alges Ast OSt 38438-Stamm	1		
Tom OSt (II) 37286-Stamm	10		
Graf Kobold OSt 32370-Stamm	18		
Knud OSt 34000-Stamm	1		
Quapp OSt 29757-Stamm	1		
Quirinal OSt (II) 27882-Stamm	1 =	(26)	32 = 13,4%
Almerich OSt (II) 45100-Linie			
Alfons OSt (II) 50100-Stamm	13		
Altgold OSt 50200-Stamm	6		
Ebbel OSt 50510-Stamm	1		
Allex OSt (I) 51550-Stamm	30		

Artur OSt 54800-Stamm	2		
Alwin OSt 54967-Stamm	2		
Astrologe OSt 55250-Stamm	1		
Astrologe OH 17673-Stamm	1		
Albert PS 15692-Stamm	2 =	(39)	58 = 24,3%
Junior OSt 19300-Linie			
Allex OSt (II) 24495-Stamm	10		
Junior OSt (II) 26947-Stamm	8		
Der Jude OSt 27895-Stamm	36 =	(42)	54 = 22,6%
Berthold OSt 23174-Linie			
Mangold OSt 25753-Stamm	1		
Bernhard OSt 28319-Stamm	1		
Bernhard OSt (II) 29922-Stamm	38		
Berthold OSt (II) 30513-Stamm	1		
Bertholds Nachfolger OSt 33004-Stamm	2		
Jelto OSt 33717-Stamm	1		
Borusse OSt 34149-Stamm	3		
Immo JH 78516-Stamm	1 =	(41)	48 = 20,1%
Prior OSt (I) 21809-Linie			
Primus OSt (II) 26945-Stamm		(4)	8 = 3,3%
Adema FRS (I) 22231-Linie			
Bontjes Adema FRS (II) 24674-Stamm	15		
Alardus FRS 25445-Stamm	1		
Keizer FRS 26878-Stamm	1		
Sil FRS 27987-Stamm	1 =	(14)	18 = 7,5%
Sonstige FRS-ASL-Linien		(2)	2 = 0,8%
JH-Linien		(5)	6 = 2,5%
OH-Linien		(6)	6 = 2,5%
OPH-Linien		(2)	2 = 0,8%
Ohne Blutlinienzugehörigkeit		(2)	2 = 0,8%
	Sa.	(186)	239 = 100%

Anteil der HB-Bullen = 66 = 27,6%
Anteil der K-Bullen = 173 = 72,4%
Anteil der Väter = 14 = 5,9%
Anteil der Importbullen = 61 = 25,5%
57 PS-Bullen
3 OSt-Bullen
1 StH-Bulle

Söhne-Väter-Quotient = 1,28
Zuchtwertkl.: I = 3 = 1,3%
II = 79 = 33,5%
III = 143 = 60,2%
IV = 12 = 5,1%

17. Kreis Königswusterhausen

Blutlinienverteilung:

General OSt (II) 20509-Linie			
Gessler OSt 26940-Stamm		(1)	1 = 1,0%
Juwel OSt (II) 25486-Linie			
Tom OSt (II) 37286-Stamm	8		
Graf Kobold OSt 32370-Stamm	11		
Quapp OSt 29757-Stamm	1 =	(16)	20 = 19,2%
Almerich OSt (II) 45100-Linie			
Altgold OSt 50200-Stamm	7		
Allex OSt (I) 51550-Stamm	16		
Alwin OSt 54967-Stamm	1 =	(19)	24 = 23,1%
Junior OSt 19300-Linie			
Allex OSt (II) 24495-Stamm	4		
Junior OSt (II) 26947-Stamm	1		
Der Jude OSt 27895-Stamm	7 =	(11)	12 = 11,5%
Berthold OSt 23174-Linie			
Bernhard OSt (II) 29922-Stamm	20		
Bertholds Nachfolger OSt 33004-Stamm	1		
Jelto OSt 33717-Stamm	1		
Borusse OSt 34149-Stamm	1 =	(20)	23 = 22,1%
Prior OSt (I) 21809-Linie			
Primus OSt (II) 26945-Stamm		(2)	4 = 3,8%
Adema FRS (I) 22231-Linie			
Bontjes Adema FRS (II) 24674-Stamm		(11)	11 = 10,6%
Sonstige FRS-ASL-Linien		(3)	4 = 3,8%
JH-Linien		(3)	4 = 3,8%
OPH-Linien		(1)	1 = 1,0%
	Sa.	(87)	104 = 100%

Anteil der HB-Bullen = 26 = 25,0%
Anteil der K-Bullen = 78 = 75,0%
Anteil der Väter = 3 = 2,9%
Anteil der Importbullen = 25 = 24,0%
24 PS-Bullen
1 LHB-Bulle

Söhne-Väter-Quotient = 1,20

Zuchtwertkl.: I = 0 = 0,0%
II = 43 = 42,6%
III = 56 = 55,4%
IV = 2 = 2,0%

18. Kreis Luckau

Blutlinienverteilung:

General OSt (II) 20509-Linie			
Gessler OSt 26940-Stamm		(1)	1 = 0,7%
Juwel OSt (II) 25486-Linie			
Alges Ast OSt 38438-Stamm	3		
Graf Kobold OSt 32370-Stamm	12		
Knud OSt 34000-Stamm	1 =	(14)	16 = 11,3%
Almerich OSt (II) 45100-Linie			
Salpeter 9/200-Stamm	2		
Alfons OSt (II) 50100-Stamm	3		
Altgold OSt 50200-Stamm	3		
Amor OSt 50250-Stamm	1		
Allex OSt (I) 51550-Stamm	15		
Aribert OSt 51800-Stamm	2		
Alwin OSt 54967-Stamm	1		
Zeus WH 15571-Stamm	1		
Adelbert SHG 4740-Stamm	2 =	(20)	30 = 21,3%
Junior OSt 19300-Linie			
Allex OSt (II) 24495-Stamm	4		
Junior OSt (II) 26947-Stamm	6		
Der Jude OSt 27895-Stamm	22 =	(24)	32 = 22,7%
Berthold OSt 23174-Linie			
Mangold OSt 25753-Stamm	2		
Bernhard OSt 28319-Stamm	1		
Bernhard OSt (II) 29922-Stamm	22		
Jelto OSt 33717-Stamm	1		
Borusse OSt 34149-Stamm	2 =	(26)	28 = 19,9%
Prior OSt (I) 21809-Linie			
Primus (II) 26945-Stamm		(1)	1 = 0,7%
Adema FRS (I) 22231-Linie			
Bontjes Adema FRS (II) 24674-Stamm	5		
Alardus FRS 25445-Stamm	2 =	(4)	7 = 5,0%
Sonstige FRS-ASL-Linien		(1)	1 = 0,7%
JH-Linien		(7)	10 = 7,1%
OH-Linien		(8)	9 = 6,4%
OPH-Linien		(2)	2 = 1,4%
Ohne Blutlinienzugehörigkeit		(4)	4 = 2,8%
	Sa.	(112)	141 = 100%

Anteil der HB-Bullen	= 70 =	49,6%	
Anteil der K-Bullen	= 71 =	50,4%	
Anteil der Väter	= 40 =	28,4%	
Anteil der Importbullen	= 22 =	15,6%	
		17 PS-Bullen	
		1 OSt-Bulle	
		1 SHG-Bulle	
		1 OH-Bulle	
		1 WH-Bulle	
		1 ASL-Bulle	

Söhne-Väter-Quotient = 1,26

Zuchtwertkl.:	I =	0 =	0,0%
	II =	51 =	38,0%
	III =	75 =	56,0%
	IV =	8 =	6,0%

19. Kreis Finsterwalde

Blutlinienverteilung:

General OSt (II) 20509-Linie			
Gessler OSt 26940-Stamm		(2)	2 = 1,4%
Juwel OSt (II) 25486-Linie			
Alges Ast OSt 38438-Stamm	2		
Tom OSt (II) 37286-Stamm	6		
Graf Kobold OSt 32370-Stamm	12 =	(11)	20 = 14,0%
Almerich OSt (II) 45100-Linie			
Altgold OSt 50200-Stamm	1		
Amos OSt 50750-Stamm	1		
Allex OSt (I) 51550-Stamm	8		
Alwin OSt 54967-Stamm	4		
Albert PS 15692-Stamm	1 =	(10)	15 = 10,5%
Junior OSt 19300-Linie			
Allex OSt (II) 24495-Stamm	3		
Junior OSt (II) 26947-Stamm	16		
Der Jude OSt 27895-Stamm	31 =	(34)	52 = 36,4%
Berthold OSt 23174-Linie			
Mangold OSt 25753-Stamm	3		
Bernhard OSt (II) 29922-Stamm	18		
Jelto OSt 33717-Stamm	2		
Immo JH 78516-Stamm	4 =	(23)	27 = 18,9%
Prior OSt (I) 21809-Linie			
Primus OSt (II) 26945-Stamm		(1)	1 = 0,7%

Adema FRS (I) 22231-Linie			
Bontjes Adema FRS (II) 26674-Stamm	4		
Alardus FRS 25445-Stamm	2		
Sil FRS 27987-Stamm	1 =	(6)	7 = 4,9%
Sonstige FRS-ASL-Linien		(2)	3 = 2,1%
JH-Linien		(10)	10 = 7,0%
OH-Linien		(3)	5 = 3,5%
Ohne Blutlinienzugehörigkeit		(1)	1 = 0,7%
	Sa.	(103)	143 = 100%

Anteil der HB-Bullen = 59 = 41,3%
Anteil der K-Bullen = 84 = 58,7%
Anteil der Väter = 46 = 32,2%
Anteil der Importbullen = 28 = 19,6%
19 PS-Bullen
4 OSt-Bullen
2 OH-Bullen
2 JH-Bullen
1 FRS-Bulle

Söhne-Väter-Quotient = 1,39

Zuchtwertkl.: I = 1 = 0,7%
II = 53 = 39,3%
III = 78 = 57,8%
IV = 3 = 2,2%

20. Kreis Senftenberg

Blutlinienverteilung:

General OSt (II) 20509-Linie			
Gessler OSt 26940-Stamm		(1)	1 = 1,8%
Juwel OSt (II) 25486-Linie			
Tom OSt (II) 37286-Stamm	1		
Graf Kobold OSt 32370-Stamm	9 =	(9)	10 = 17,5%
Almerich OSt (II) 45100-Linie			
Amtmann 2/1326-Stamm	1		
Salpeter 9/200-Stamm	1		
Alfons OSt (II) 50100-Stamm	4		
Allex OSt (I) 51550-Stamm	4		
Arno OH 19940-Stamm	2		
Albert PS 15692-Stamm	1 =	(13)	13 = 22,8%
Junior OSt 19300-Linie			
Allex OSt (II) 24495-Stamm	1		
Junior OSt (II) 26947-Stamm	7		
Der Jude OSt 27895-Stamm	8 =	(11)	16 = 28,1%

Berthold OSt 23174-Linie			
Bernhard OSt (II) 29922-Stamm	10		
Jelto OSt 33717-Stamm	1 =	(10)	11 = 19,3%
Adema FRS (I) 22231-Linie			
Bontjes Adema FRS (II) 24674-Stamm		(3)	3 = 5,3%
Sonstige FRS-ASL-Linien		(1)	1 = 1,8%
OH-Linien		(1)	1 = 1,8%
OPH-Linien		(1)	1 = 1,8%
	Sa.	(50)	57 = 100%

Anteil der HB-Bullen = 16 = 28,1%
Anteil der K-Bullen = 41 = 71,9%
Anteil der Väter = 7 = 12,3%
Anteil der Importbullen = 15 = 26,3%
14 PS-Bullen
1 OH-Bulle

Söhne-Väter-Quotient = 1,14

Zuchtwertkl.: I = 1 = 1,8%
II = 4 = 7,1%
III = 50 = 89,3%
IV = 1 = 1,8%

21. Kreis Calau

Blutlinienverteilung:

General OSt (II) 20509-Linie			
Gessler OSt 26940-Stamm		(2)	2 = 2,1%
Juwel OSt (II) 25486-Linie			
Alges Ast OSt 38438-Stamm	2		
Tom OSt (II) 37286-Stamm	5		
Graf Kobold OSt 32370-Stamm	9		
Knud OSt 34000-Stamm	1		
Quirinal OSt (II) 27882-Stamm	1 =	(14)	18 = 18,8%
Almerich OSt (II) 45100-Linie			
Albert 1/667-Stamm	1		
Salpeter 9/200-Stamm	1		
Alfons OSt (II) 50100-Stamm	8		
Altgold OSt 50200-Stamm	2		
Allex OSt (I) 51550-Stamm	2		
Alwin OSt 54967-Stamm	1 =	(14)	15 = 15,6%
Junior OSt 19300-Linie			
Allex OSt (II) 24495-Stamm	7		
Junior OSt (II) 26947-Stamm	5		
Der Jude OSt 27895-Stamm	9 =	(18)	21 = 21,9%

Berthold OSt 23174-Linie			
Mangold OSt 25753-Stamm	1		
Bernhard OSt (II) 29922-Stamm	12		
Bertholds Nachfolger OSt 33004-Stamm	3		
Jelto OSt 33717-Stamm	3		
Borusse OSt 34149-Stamm	1 =	(19)	20 = 20,8%
Prior OSt (I) 21809-Linie			
Primus OSt (II) 26945-Stamm		(1)	1 = 1,1%
Adema FRS (I) 22231-Linie			
Bontjes Adema FRS (II) 24674-Stamm	9		
Sil FRS 27987-Stamm	1 =	(6)	10 = 10,4%
Sonstige FRS-ASL-Linien		(3)	3 = 3,1%
JH-Linien		(5)	5 = 5,2%
OH-Linien		(1)	1 = 1,1%
	Sa.	(83)	96 = 100%

Anteil der HB-Bullen	= 44 = 45,8%
Anteil der K-Bullen	= 52 = 54,2%
Anteil der Väter	= 10 = 10,4%
Anteil der Importbullen	= 24 = 25,0%
	18 PS-Bullen
	2 OSt-Bullen
	2 SHG-Bullen
	2 ASL-Bullen

Söhne-Väter-Quotient = 1,16

Zuchtwertkl.:	I =	0 =	0,0%
	II =	28 =	29,5%
	III =	62 =	65,3%
	IV =	5 =	5,2%

22. Kreis Spremberg

Blutlinienverteilung:

General OSt (II) 20509-Linie			
Gessler OSt 26940-Stamm		(1)	1 = 1,5%
Juwel OSt (II) 25486-Linie			
Alges Ast OSt 38438-Stamm	1		
Tom OSt (II) 37286-Stamm	2		
Graf Kobold OSt 32370-Stamm	7		
Knud OSt 34000-Stamm	1		
Quapp OSt 29757-Stamm	1 =	(9)	12 = 17,6%

Almerich OSt (II) 45100-Linie			
Salpeter 9/200-Stamm	1		
Alfons OSt (II) 50100-Stamm	3		
Amos OSt 50750-Stamm	1		
Allex OSt (I) 51550-Stamm	6		
Artur OSt 54800-Stamm	1 =	(11)	12 = 17,6%
Junior OSt 19300-Linie			
Allex OSt (II) 24495-Stamm	1		
Junior OSt (II) 26947-Stamm	6		
Der Jude OSt 27895-Stamm	5 =	(8)	12 = 17,6%
Berthold OSt 23174-Linie			
Bernhard OSt (II) 29922-Stamm	15		
Bertholds Nachfolger OSt 33004-Stamm	1		
Jelto OSt 33717-Stamm	1		
Borusse OSt 34159-Stamm	1 =	(15)	18 = 26,5%
Prior OSt (I) 21809-Linie			
Primus OSt (II) 26945-Stamm		(1)	1 = 1,5%
Adema FRS (I) 22231-Linie			
Bontjes Adema FRS (II) 24674-Stamm		(4)	5 = 7,4%
Sonstiges FRS-ASL-Linien		(2)	3 = 4,4%
JH-Linien		(3)	3 = 4,4%
OPH-Linien		(1)	1 = 1,5%
	Sa.	(55)	68 = 100%

Anteil der HB-Bullen = 15 = 22,1%
Anteil der K-Bullen = 53 = 77,9%
Anteil der Väter = 2 = 2,9%
Anteil der Importbullen = 10 = 14,7%
9 PS-Bullen
1 ASL-Bulle

Söhne-Väter-Quotient = 1,23

Zuchtwertkl.: I = 0 = 0,0%
II = 21 = 31,3%
III = 42 = 62,7%
IV = 4 = 6,0%

23. Kreis Forst

Blutlinienverteilung:

General OSt (II) 20509-Linie			
Gessler OSt 26940-Stamm		(2)	2 = 4,3%
Juwel OSt (II) 25486-Linie			
Tom OSt (II) 37286-Stamm	1		
Graf Kobold OSt 32370-Stamm	3		
Knud OSt 34000-Stamm	1 =	(4)	5 = 10,7%

Almerich OSt (II) 45100-Linie			
Alfons OSt (II) 50100-Stamm	3		
Altgold OSt 50200-Stamm	1 =	(4)	4 = 8,7%
Junior OSt 19300-Linie			
Junior OSt (II) 26947-Stamm	3		
Der Jude OSt 27895-Stamm	7 =	(10)	10 = 21,7%
Berthold OSt 23174-Linie			
Bernhard OSt (II) 29922-Stamm	9		
Immo JH 78516-Stamm	3 =	(11)	12 = 26,1%
Prior OSt (I) 21809-Linie			
Primus OSt (II) 26945-Stamm		(1)	1 = 2,2%
Adema FRS (I) 22231-Linie			
Bontjes Adema FRS (II) 24674-Stamm	2		
Alardus FRS 25445-Stamm	1		
Thomas FRS 27787-Stamm	1 =	(4)	4 = 8,7%
JH-Linien		(4)	4 = 8,7%
OH-Linien		(2)	2 = 4,3%
Ohne Blutlinienzugehörigkeit		(1)	2 = 4,3%
	Sa.	(43)	46 = 100%

Anteil der HB-Bullen = 17 = 37,0%
Anteil der K-Bullen = 29 = 63,0%
Anteil der Väter = 6 = 13,0%
Anteil der Importbullen = 3 = 6,5%
1 PS-Bulle
1 OSt-Bulle
1 ASL-Bulle

Söhne-Väter-Quotient = 1,06
Zuchtwertkl.: I = 3 = 6,5%
II = 12 = 26,1%
III = 31 = 67,4%
IV = 0 = 0,0%

24. Kreis Cottbus

Blutlinienverteilung:

General OSt (II) 20509-Linie			
Gessler OSt 26940-Stamm		(7)	7 = 5,5%
Juwel OSt (II) 25486-Linie			
Alges Ast OSt 38438-Stamm	1		
Tom OSt (II) 37286-Stamm	1		
Graf Kobold OSt 32370-Stamm	22		
Quirinal OSt (II) 27882-Stamm	1 =	(15)	25 = 19,7%

Almerich OSt (II) 45100-Linie				
Salpeter 9/200-Stamm	2			
Adelrich OSt 48546-Stamm	1			
Alfons OSt (II) 50100-Stamm	8			
Altgold OSt 50200-Stamm	2			
Allex OSt (I) 51550-Stamm	6			
Artur OSt 54800-Stamm	1			
Arno OH 19940-Stamm	1 =	(15)	21 =	16,5%
Junior OSt 19300-Linie				
Allex OSt (II) 24475-Stamm	1			
Junior OSt (II) 26947-Stamm	4			
Der Jude OSt 27895-Stamm	10 =	(13)	15 =	11,8%
Berthold OSt 21174-Linie				
Mangold OSt 25753-Stamm	1			
Bernhard OSt (II) 29922-Stamm	19			
Bertholds Nachfolger OSt 33004-Stamm	2			
Borusse OSt 34149-Stamm	2			
Immo JH 78516-Stamm	3 =	(25)	27 =	21,3%
Prior OSt (I) 21809-Linie				
Primus OSt (II) 26945-Stamm		(2)	2 =	1,5%
Adema FRS (I) 22231-Linie				
Bontjes Adema FRS (II) 24674-Stamm	12			
Alardus FRS 25445-Stamm	1			
Keizer FRS 26878-Stamm	1			
Sil FRS 27987-Stamm	1 =	(10)	15 =	11,8%
JH-Linien		(8)	8 =	6,3%
OH-Linien		(4)	4 =	3,1%
OPH-Linien		(2)	2 =	1,5%
Ohne Blutlinienzugehörigkeit		(1)	1 =	0,8%
	Sa.	(104)	127 =	100%

Anteil der HB-Bullen = 51 = 40,2%
Anteil der K-Bullen = 76 = 59,8%
Anteil der Väter = 19 = 15,0%
Anteil der Importbullen = 18 = 14,3%
13 PS-Bullen
1 OSt-Bulle
2 SHG-Bullen
1 ASL-Bulle
1 OH-Bulle

Söhne-Väter-Quotient = 1,22

Zuchtwertkl.: I = 2 = 1,7%
II = 31 = 26,5%
III = 76 = 65,0%
IV = 8 = 6,8%

25. Kreis Guben

Blutlinienverteilung:

General OSt (II) 20509-Linie			
Gessler OSt 26940-Stamm		(3)	4 = 5,9%
Juwel OSt (II) 25486-Linie			
Graf Kobold OSt 32370-Stamm		(6)	8 = 11,8%
Almerich OSt (II) 45100-Linie			
Salpeter 9/200-Stamm	1		
Alfons OSt (II) 50100-Stamm	3		
Altgold OSt 50200-Stamm	1		
Allex OSt (I) 51550-Stamm	3 =	(8)	8 = 11,8%
Junior OSt 19300-Linie			
Allex OSt (II) 24495-Stamm	1		
Junior OSt (II) 26947-Stamm	8		
Der Jude OSt 27895-Stamm	7 =	(12)	16 = 23,5%
Berthold OSt 23174-Linie			
Bernhard OSt (II) 29922-Stamm	9		
Bertholds Nachfolger OSt 33004-Stamm	1		
Jelto OSt 33717-Stamm	1		
Borusse OSt 34149-Stamm	1		
Immo JH 78516-Stamm	1 =	(12)	13 = 19,1%
Prior OSt (I) 21809-Linie			
Primus OSt (II) 26945-Stamm		(3)	3 = 4,4%
Adema FRS (I) 22231-Linie			
Bontjes Adema FRS (II) 24674-Stamm	4		
Sil FRS 27987-Stamm	1 =	(4)	5 = 7,4%
Sonstige FRS-ASL-Linien		(1)	1 = 1,5%
JH-Linien		(6)	6 = 8,8%
OH-Linien		(2)	2 = 2,9%
OPH-Linien		(1)	1 = 1,5%
Ohne Blutlinienzugehörigkeit		(1)	1 = 1,5%
	Sa.	(59)	68 = 100%

Anteil der HB-Bullen = 31 = 45,6%
Anteil der K-Bullen = 37 = 54,4%
Anteil der Väter = 11 = 16,2%
Anteil der Importbullen = 12 = 17,6%
10 PS-Bullen
2 OH-Bullen

Söhne-Väter-Quotient = 1,15

Zuchtwertkl.: I = 1 = 1,5%
II = 18 = 27,3%
III = 47 = 71,2%
IV = 0 = 0,0%

26. Kreis Lübben

Blutlinienverteilung:

General OSt (II) 20509-Linie				
Nero OSt 25764-Stamm	1			
Gessler OSt 26940	3 =	(4)	4 =	2,4%
Juwel OSt (II) 25486-Linie				
Alges Ast OSt 38438-Stamm	3			
Tom OSt (II) 37286-Stamm	3			
Graf Kobold OSt 32370-Stamm	28			
Quapp OSt 29757-Stamm	1 =	(23)	35 =	21,2%
Almerich OSt (II) 45100-Linie				
Albert 1/667-Stamm	2			
Alfons OSt (II) 50100-Stamm	14			
Altgold OSt 50200-Stamm	4			
Allex OSt (I) 51550-Stamm	9			
Alwin OSt 54967-Stamm	1			
Albert PS 15692-Stamm	1 =	(27)	31 =	18,8%
Junior OSt 19300-Linie				
Allex OSt (II) 24495-Stamm	9			
Junior OSt (II) 26947-Stamm	6			
Der Jude OSt 27895-Stamm	18 =	(25)	33 =	20,0%
Berthold OSt 23174-Linie				
Mangold OSt 25753-Stamm	2			
Bernhard OSt 28319-Stamm	22			
Bertholds Nachfolger OSt 33004-Stamm	8			
Jelto OSt 33717-Stamm	6			
Borusse OSt 34149-Stamm	2 =	(39)	40 =	24,2%
Prior OSt (I) 21809-Linie				
Primus OSt (II) 26945-Stamm		(3)	3 =	1,8%
Adema FRS (I) 22231-Linie				
Bontjes Adema FRS (II) 24674-Stamm		(6)	10 =	6,1%
Sonstige FRS-ASL-Linien		(2)	2 =	1,2%
JH-Linien		(2)	2 =	1,2%
OPH-Linien		(4)	4 =	2,4%
Ohne Blutlinienzugehörigkeit		(1)	1 =	0,6%
	Sa.	(136)	165 =	100%

Anteil der HB-Bullen	= 29	=	17,6%
Anteil der K-Bullen	= 136	=	82,4%
Anteil der Väter	= 15	=	9,1%
Anteil der Importbullen	= 85	=	51,5%

80 PS-Bullen
2 OSt-Bullen
1 OH-Bulle
1 SHG-Bulle
1 ASL-Bulle

Söhne-Väter-Quotient = 1,21

Zuchtwertkl.:	I =	2 =	1,2%
	II =	34 =	20,9%
	III =	112 =	68,7%
	IV =	15 =	9,2%

27. Kreis Fürstenberg (einschl. Frankfurt)

Blutlinienverteilung:

General OSt (II) 20509-Linie			
Gessler OSt 26940-Stamm		(3)	3 = 2,6%
Juwel OSt (II) 25486-Linie			
Alges Ast OSt 38438-Stamm	1		
Tom OSt (II) 37286-Stamm	4		
Graf Kobold OSt 32370-Stamm	10		
Quintus OSt 28815-Stamm	1 =	(13)	16 = 14,0%
Almerich OSt (II) 45100-Linie			
Alfons OSt (II) 50100-Stamm	8		
Altgold OSt 50200-Stamm	1		
Allex OSt (I) 51550-Stamm	4		
Alwin OSt 54967-Stamm	3		
Allah LMR 5327-Stamm	1 =	(14)	17 = 14,9%
Berthold OSt 23174-Linie			
Mangold OSt 25753-Stamm	1		
Bernhard OSt 28319-Stamm	20		
Bertholds Nachfolger OSt 33004-Stamm	4		
Jelto OSt 33717-Stamm	1		
Borusse OSt 34149-Stamm	1 =	(22)	27 = 23,7%
Junior OSt 19300-Linie			
Allex OSt (II) 24495-Stamm	3		
Junior OSt (II) 26947-Stamm	10		
Der Jude OSt 27895-Stamm	17 =	(24)	30 = 26,3%
Prior OSt (I) 21809-Linie			
Primus OSt (II) 26945-Stamm		(1)	3 = 2,6%
Adema FRS (I) 22231-Linie			
Bontjes Adema FRS (II) 24674-Stamm	9		
Sil FRS 27987-Stamm	1 =	(9)	10 = 8,8%

Sonstige FRS-ASL-Linien		(2)	4 = 3,5%
JH-Linien		(1)	1 = 0,9%
OH-Linien		(1)	1 = 0,9%
OPH-Linien		(1)	1 = 0,9%
Ohne Blutlinienzugehörigkeit		(1)	1 = 0,9%
	Sa.	(92)	114 = 100%

Anteil der HB-Bullen = 25 = 21,9%
Anteil der K-Bullen = 89 = 78,1%
Anteil der Väter = 9 = 7,1%
Anteil der Importbullen = 20 = 17,5%
18 PS-Bullen
1 LMR-Bulle
1 ASL-Bulle

Söhne-Väter-Quotient = 1,24
Zuchtwertkl.: I = 1 = 0,9%
II = 31 = 28,7%
III = 76 = 70,4%
IV = 0 = 0,0%

28. Kreis Beeskow

Blutlinienverteilung:

General OSt (II) 20509-Linie			
Gessler OSt 26940-Stamm		(4)	4 = 3,5%
Juwel OSt (II) 25486-Linie			
Tom OSt (II) 37286-Stamm	6		
Graf Kobold OSt 32370-Stamm	8 =	(11)	14 = 12,3%
Almerich OSt (II) 45100-Linie			
Alfons OSt (II) 50100-Stamm	6		
Altgold OSt 50200-Stamm	2		
Ebbel OSt 50510-Stamm	1		
Allex OSt (I) 51550-Stamm	7		
Alwin OSt 54967-Stamm	1 =	(15)	17 = 14,9%
Junior OSt 19300-Linie			
Allex OSt (II) 24495-Stamm	5		
Junior OSt (II) 26947-Stamm	6		
Der Jude OSt 27895-Stamm	15 =	(22)	26 = 22,9%
Berthold OSt 23174-Linie			
Mangold OSt 25753-Stamm	1		
Bernhard OSt 28319-Stamm	18		
Bertholds Nachfolger OSt 33004-Stamm	1		
Jelto OSt 33717-Stamm	1		
Borusse OSt 34149-Stamm	3 =	(23)	24 = 21,2%

Prior OSt (I) 21809-Linie				
Primus OSt (II) 26945-Stamm		(4)	5 =	4,4%
Adema FRS (I) 22231-Linie				
Bontjes Adema FRS (II) 24674-Stamm	14			
Eduard FRS 26752-Stamm	1			
Sil FRS 27987-Stamm	1 =	(13)	16 =	14,0%
Sonstige FRS-ASL-Linien		(2)	3 =	2,6%
JH-Linien		(3)	3 =	2,6%
OH-Linien		(2)	2 =	1,8%
	Sa.	(99)	114 =	100%

Anteil der HB-Bullen = 30 = 26,3%
Anteil der K-Bullen = 84 = 73,7%
Anteil der Väter = 17 = 14,9%
Anteil der Importbullen = 20 = 17,5%
18 PS-Bullen
1 OSt-Bulle
1 OH-Bulle

Söhne-Väter-Quotient = 1,15

Zuchtwertkl.: I = 0 = 0,0%
II = 41 = 36,0%
III = 71 = 62,2%
IV = 2 = 1,8%

29. Kreis Fürstenwalde

Blutlinienverteilung:

General OSt (II) 20509-Linie				
Gessler OSt 26940-Stamm		(1)	1 =	1,3%
Juwel OSt (II) 25486-Linie				
Alges Ast OSt 38438-Stamm	1			
Tom OSt (II) 37286-Stamm	4			
Graf Kobold OSt 32370-Stamm	6			
Quintus OSt 28815-Stamm	1 =	(10)	12 =	15,4%
Almerich OSt (II) 45100-Linie				
Salpeter 9/200-Stamm	1			
Alfons OSt (II) 50100-Stamm	3			
Altgold OSt 50200-Stamm	1			
Allex OSt (I) 51550-Stamm	10			
Albert PS 15692-Stamm	1 =	(16)	16 =	20,5%
Junior OSt 19300-Linie				
Allex OSt (II) 24495-Stamm	2			
Junior OSt (II) 26947-Stamm	3			
Der Jude OSt 27895-Stamm	11 =	(12)	16 =	20,5%

Berthold OSt 23174-Linie			
Mangold OSt 25753-Stamm	1		
Bernhard OSt (II) 29922-Stamm	12		
Bertholds Nachfolger OSt 33004-Stamm	1 =	(13)	14 = 17,9%
Prior OSt (I) 21809-Linie			
Primus OSt (II) 26945-Stamm		(2)	3 = 3,8%
Adema FRS (I) 22231-Linie			
Bontjes Adema FRS (II) 24674-Stamm	8		
Sil FRS 27987-Stamm	1 =	(9)	9 = 11,5%
Sonstige FRS-ASL-Linien		(1)	3 = 3,8%
JH-Linien		(1)	1 = 1,3%
OH-Linien		(2)	2 = 2,6%
OPH-Linien		(1)	1 = 1,3%
	Sa.	(68)	78 = 100%

Anteil der HB-Bullen = 11 = 14,1%
Anteil der K-Bullen = 67 = 85,9%
Anteil der Väter = 2 = 2,6%
Anteil der Importbullen = 14 = 17,9%
14 PS-Bullen
Söhne-Väter-Quotient = 1,15
Zuchtwertkl.: I = 0 = 0,0%
II = 41 = 54,7%
III = 34 = 45,3%
IV = 0 = 0,0%

30. Kreis Seelow

Blutlinienverteilung:

General OSt (II) 20509-Linie			
Nero OSt 25764-Stamm	1		
Genosse OSt 25767-Stamm	1		
Gessler OSt 26940-Stamm	8 =	(10)	10 = 3,3%
Juwel OSt (II) 25486-Linie			
Alges Ast OSt 38438-Stamm	1		
Tom OSt (II) 37286-Stamm	9		
Graf Kobold OSt 32370-Stamm	34		
Quintus OSt 28815-Stamm	1 =	(28)	45 = 14,7%
Almerich OSt (II) 45100-Linie			
Albert 1/667-Stamm	1		
Alfons OSt (II) 50100-Stamm	13		
Altgold OSt 50200-Stamm	5		
Allex OSt (I) 51550-Stamm	23		
Ansbach OSt 51600-Stamm	1		
Artur OSt 54800-Stamm	1		
Albert PS 15692-Stamm	7 =	(32)	51 = 16,7%

Junior OSt 19300-Linie				
Allex OSt (II) 24495-Stamm	29			
Junior OSt (II) 26947-Stamm	11			
Der Jude OSt 27895-Stamm	20 =	(47)	60 =	19,6%
Berthold OSt 23174-Linie				
Mangold OSt 25753-Stamm	2			
Bernhard OSt (II) 29922-Stamm	50			
Bertholds Nachfolger OSt 33004-Stamm	8			
Jelto OSt 33717-Stamm	7			
Borusse OSt 34149-Stamm	6			
Immo JH 78516-Stamm	2 =	(63)	75 =	24,5%
Prior OSt (I) 21809-Linie				
Junus OSt 24871-Stamm	1			
Primus OSt (II) 26945-Stamm	7 =	(5)	8 =	2,6%
Adema FRS (I) 22231-Linie				
Bontjes Adema FRS (II) 24674-Stamm	39			
Keizer FRS 26878-Stamm	1			
Sil FRS 27987-Stamm	2 =	(18)	42 =	13,7%
Sonstige FRS-ASL-Linien		(1)	2 =	0,7%
JH-Linien		(1)	2 =	0,7%
OH-Linien		(3)	3 =	1,0%
OPH-Linien		(5)	7 =	2,3%
Ohne Blutlinienzugehörigkeit		(1)	1 =	0,3%
	Sa.	(214)	306 =	100%

Anteil der HB-Bullen = 31 = 10,1%
Anteil der K-Bullen = 275 = 89,9%
Anteil der Väter = 5 = 1,6%
Anteil der Importbullen = 128 = 41,8%
121 PS-Bullen
3 OSt-Bullen
2 OH-Bullen
1 SHG-Bulle
1 ASL-Bulle

Söhne-Väter-Quotient = 1,42

Zuchtwertkl.: I = 2 = 0,7%
II = 120 = 39,6%
III = 162 = 53,5%
IV = 19 = 6,2%

31. Kreis Strausberg

Blutlinienverteilung:

General OSt (II) 20509-Linie			
Gessler OSt 26940-Stamm		(2)	2 = 2,7%
Juwel OSt (II) 25486-Linie			
Tom OSt (II) 37286-Stamm	1		
Graf Kobold OSt 32370-Stamm	9 =	(7)	10 = 13,5%
Almerich OSt (II) 45100-Linie			
Albert 1/667-Stamm	1		
Alfons OSt (II) 50100-Stamm	6		
Altgold OSt 50200-Stamm	1		
Allex OSt (I) 51550-Stamm	9		
Artur OSt 54800-Stamm	1		
Albert PS 15692-Stamm	4 =	(18)	22 = 29,7%
Junior OSt 19300-Linie			
Allex OSt (II) 24495-Stamm	4		
Junior OSt (II) 26947-Stamm	3		
Der Jude OSt 27895-Stamm	6 =	(12)	13 = 17,6%
Berthold OSt 23174-Linie			
Bernhard OSt (II) 29922-Stamm	12		
Berthold OSt (II) 30513-Stamm	1		
Jelto OSt 33717-Stamm	2		
Borusse OSt 34149-Stamm	1 =	(16)	16 = 21,6%
Adema FRS (I) 22231-Linie			
Bontjes Adema FRS (II) 24674-Stamm		(8)	8 = 10,8%
Sonstige FRS-ASL-Linien		(1)	1 = 1,4%
OH-Linien		(2)	2 = 2,7%
	Sa.	(66)	74 = 100%

Anteil der HB-Bullen = 23 = 31,1%
Anteil der K-Bullen = 51 = 68,9%
Anteil der Väter = 1 = 1,4%
Anteil der Importbullen = 29 = 39,2%
23 PS-Bullen
2 OSt-Bullen
2 SHG-Bullen
2 LMR-Bullen

Söhne-Väter-Quotient = 1,12

Zuchtwertkl.: I = 2 = 2,7%
II = 33 = 45,2%
III = 36 = 49,4%
IV = 2 = 2,7%

32. Kreis Bad Freienwalde

Blutlinienverteilung:

General OSt (II) 20509-Linie			
Gessler OSt 26940-Stamm		(3)	4 = 5,3%
Juwel OSt (II) 25486-Linie			
Graf Kobold OSt 32370-Stamm		(7)	8 = 10,5%
Almerich OSt (II) 45100-Linie			
Alfons OSt (II) 50100-Stamm	2		
Allex OSt (I) 51550-Stamm	11		
Albert PS 15692-Stamm	1 =	(10)	14 = 18,4%
Junior OSt 19300-Linie			
Allex OSt (II) 24495-Stamm	1		
Junior OSt (II) 26947-Stamm	3		
Der Jude OSt 27895-Stamm	6 =	(10)	10 = 13,2%
Berthold OSt 23174-Linie			
Bernhard OSt (II) 29922-Stamm		(17)	21 = 27,6%
Bussard OSt (II) 21814-Linie			
Bodo OSt 25539-Stamm		(1)	1 = 3,1%
Prior OSt (I) 21809-Linie			
Primus OSt (II) 26945-Stamm		(2)	3 = 3,9%
Adema FRS (I) 22231-Linie			
Bontjes Adema FRS (II) 24674-Stamm	9		
Arnold FRS 25351-Stamm	1		
Hiltjes Adema FRS 25535-Stamm	1 =	(7)	11 = 14,5%
Sonstige FRS-ASL-Linien		(1)	1 = 1,3%
OH-Linien		(2)	2 = 2,6%
OPH-Linien		(1)	1 = 1,3%
	Sa.	(61)	76 = 100%

Anteil der HB-Bullen = 12 = 15,8%
Anteil der K-Bullen = 64 = 84,2%
Anteil der Väter = 2 = 2,6%
Anteil der Importbullen = 10 = 13,2%
10 PS-Bullen

Söhne-Väter-Quotient = 1,25
Zuchtwertkl.: I = 0 = 0,0%
II = 34 = 47,2%
III = 37 = 51,4%
IV = 1 = 1,4%

33. Kreis Eberswalde

Blutlinienverteilung:

Juwel OSt (II) 25486-Linie			
Tom OSt (II) 37286-Stamm	1		
Graf Kobold OSt 32370-Stamm	7 =	(7)	8 = 13,3%
Almerich OSt (II) 45100-Linie			
Altgold OSt 50200-Stamm	1		
Allex OSt (I) 51550-Stamm	13 =	(7)	14 = 23,3%
Junior OSt 19300-Linie			
Allex OSt (II) 24495-Stamm	6		
Junior OSt (II) 26947-Stamm	3		
Der Jude OSt 27895-Stamm	4 =	(13)	13 = 21,7%
Berthold OSt 23174-Linie			
Bernhard OSt (II) 29922-Stamm	7		
Jelto OSt 33717-Stamm	1		
Immo JH 78516-Stamm	1 =	(8)	9 = 15,0%
Prior OSt (I) 21809-Linie			
Primus OSt (II) 26945-Stamm		(2)	3 = 5,0%
Adema FRS (I) 22231-Linie			
Bontjes Adema FRS (II) 24674-Stamm	11		
Eduard FRS 26752-Stamm	1		
Sil FRS 27987-Stamm	1 =	(9)	13 = 21,7%
	Sa.	(46)	60 = 100%

Anteil der HB-Bullen = 17 = 28,3%
Anteil der K-Bullen = 43 = 71,7%
Anteil der Väter = 9 = 15,0%
Anteil der Importbullen = 9 = 15,0%
9 PS-Bullen

Söhne-Väter-Quotient = 1,30

Zuchtwertkl.: I = 0 = 0,0%
II = 30 = 50,8%
III = 29 = 49,2%
IV = 0 = 0,0%

34. Kreis Bernau

Blutlinienverteilung:

General OSt (II) 20509-Linie			
Gessler OSt 26940-Stamm		(2)	2 = 2,8%
Juwel OSt (II) 25486-Linie			
Tom OSt (II) 37286-Stamm	2		
Graf Kobold OSt 32370-Stamm	4		
Quintus OSt 28815-Stamm	1 =	(6)	7 = 9,9%

Almerich OSt (II) 45100-Linie			
Albert 1/667-Stamm	1		
Alfons OSt (II) 50100-Stamm	1		
Altgold OSt 50200-Stamm	3		
Allex OSt (I) 51550-Stamm	14		
Alwin OSt 54967-Stamm	1		
Astrologe OH 17673-Stamm	2		
Albert PS 15692-Stamm	1 =	(16)	23 = 32,4%
Junior OSt 19300-Linie			
Allex OSt (II) 24495-Stamm	5		
Junior OSt (II) 26947-Stamm	1		
Der Jude OSt 27895-Stamm	8 =	(12)	14 = 19,7%
Berthold OSt 23174-Linie			
Bernhard OSt (II) 29922-Stamm	11		
Bertholds Nachfolger OSt 33004-Stamm	2		
Borusse OSt 34149-Stamm	2 =	(13)	15 = 21,1%
Prior OSt (I) 21809-Linie			
Primus OSt (II) 26945-Stamm		(1)	2 = 2,8%
Adema FRS (I) 22231-Linie			
Bontjes Adema FRS (II) 24674-Stamm	4		
Eduard FRS 26752-Stamm	1 =	(4)	5 = 7,0%
Sonstige FRS-ASL-Linien		(1)	1 = 1,4%
OPH-Linien		(1)	2 = 2,8%
	Sa.	(56)	71 = 100%

Anteil der HB-Bullen = 28 = 39,4%
Anteil der K-Bullen = 43 = 60,6%
Anteil der Väter = 4 = 5,6%
Anteil der Importbullen = 22 = 31,0%
21 PS-Bullen
1 OH-Bulle

Söhne-Väter-Quotient = 1,27

Zuchtwertkl.: I = 0 = 0,0%
II = 33 = 47,2%
III = 36 = 51,4%
IV = 1 = 1,4%

35. Kreis Angermünde

Blutlinienverteilung:

General OSt (II) 20509-Linie		
Gessler OSt 26940-Stamm	(1)	1 = 0,4%

Juwel OSt (II) 25486-Linie			
Alges Ast OSt 38438-Stamm	1		
Tom OSt (II) 37286-Stamm	10		
Graf Kobold OSt 32370-Stamm	27		
Knud OSt 34000-Stamm	1		
Quapp OSt 29757-Stamm	1 =	(26)	40 = 17,5%
Almerich OSt (II) 45100-Linie			
Bettler OSt 48500-Stamm	1		
Alfons OSt (II) 50100-Stamm	6		
Altgold OSt 50200-Stamm	5		
Ebbel OSt 50510-Stamm	1		
Allex OSt (I) 51500-Stamm	32		
Astrologe OH 17673-Stamm	1		
Albert PS 15692-Stamm	5		
Adelbert SHG 4740-Stamm	1 =	(32)	52 = 22,8%
Junior OSt 19300-Linie			
Allex OSt (II) 24495-Stamm	10		
Junior OSt (II) 26947-Stamm	11		
Der Jude OSt 27895-Stamm	21 =	(33)	42 = 18,4%
Berthold OSt 23174-Linie			
Bernhard OSt (II) 29922-Stamm	31		
Bertholds Nachfolger OSt 33004-Stamm	1		
Jelto OSt 33717-Stamm	5		
Borusse OSt 34149-Stamm	5 =	(30)	42 = 18,4%
Prior OSt (I) 21809-Linie			
Primus OSt (II) 26945-Stamm		(3)	6 = 2,6%
Adema FRS (I) 22231-Linie			
Bontjes Adema FRS (II) 24674-Stamm	26		
Hiltjes Adema FRS 25553-Stamm	1 =	(19)	27 = 11,8%
Sonstige FRS-ASL-Linien		(4)	4 = 1,8%
OH-Linien		(3)	3 = 1,3%
OPH-Linien		(3)	3 = 1,3%
Ohne Blutlinienzugehörigkeit		(8)	8 = 3,5%
	Sa.	(162)	228 = 100%

Anteil der HB-Bullen	=	42 = 18,4%
Anteil der K-Bullen	=	186 = 81,6%
Anteil der Väter	=	14 = 6,1%
Anteil der Importbullen	=	78 = 34,2%
		42 PS-Bullen
		30 LMR-Bullen
		4 SHG-Bullen
		2 ASL-Bullen

Söhne-Väter-Quotient = 1,41

Zuchtwertkl.:	I =	1 =	0,5%
	II =	123 =	55,9%
	III =	93 =	42,3%
	IV =	3 =	1,3%

36. Kreis Templin

Blutlinienverteilung:

General OSt (II) 20509-Linie			
Gessler OSt 26940-Stamm		(3)	3 = 2,3%
Juwel OSt (II) 25486-Linie			
Alges Ast OSt 38438-Stamm	5		
Tom OSt (II) 37236-Stamm	6		
Graf Kobold OSt 32370-Stamm	8 =	(13)	19 = 14,6%
Almerich OSt (II) 45100-Linie			
Albert 1/667-Stamm	1		
Alfons OSt (II) 50100-Stamm	3		
Altgold OSt 50200-Stamm	4		
Amandus OSt 51000-Stamm	1		
Allex OSt (I) 51550-Stamm	16		
Albert PS 15692-Stamm	1 =	(18)	26 = 20,0%
Junior OSt 19300-Linie			
Allex OSt (II) 24495-Stamm	3		
Junior OSt (II) 26947-Stamm	6		
Der Jude OSt 27895-Stamm	17 =	(22)	26 = 20,0%
Berthold OSt 23174-Linie			
Bernhard OSt 28319-Stamm	1		
Bernhard OSt (II) 29922-Stamm	24		
Jelto OSt 33717-Stamm	1		
Borusse OSt 34149-Stamm	2		
Immo JH 78516-Stamm	1 =	(18)	29 = 22,3%
Prior OSt (I) 21809-Linie			
Primus OSt (II) 26945-Stamm		(1)	1 = 0,8%
Adema FRS (I) 22231-Linie			
Bontjes Adema FRS (II) 24674-Stamm		(10)	11 = 8,5%
JH-Linien		(1)	1 = 0,8%
OPII-Linien		(4)	4 = 3,1%
Ohne Blutlinienzugehörigkeit		(10)	10 = 7,7%
	Sa.	(100)	130 = 100%

Anteil der HB-Bullen	= 35 =	26,9%	
Anteil der K-Bullen	= 95 =	73,1%	
Anteil der Väter	= 10 =	7,7%	
Anteil der Importbullen	= 45 =	34,6%	
	13 PS-Bullen		
	31 LMR-Bullen		
	1 SHG-Bulle		

Söhne-Väter-Quotient = 1,30

Zuchtwertkl.:	I =	1 =	0,8%
	II =	59 =	45,7%
	III =	68 =	52,7%
	IV =	1 =	0,8%

37. Kreis Prenzlau

Blutlinienverteilung:

General OSt (II) 20509-Linie				
Gessler OSt 26940-Stamm		(8)	11 =	5,5%
Juwel OSt (II) 25486-Linie				
Alges Ast OSt 38438-Stamm	4			
Tom OSt (II) 37286-Stamm	8			
Graf Kobold OSt 32370-Stamm	34			
Knud OSt 34000-Stamm	3			
Quintus OSt 28815-Stamm	4 =	(27)	53 =	26,5%
Almerich OSt (II) 45100-Linie				
Amtmann 2/1326-Stamm	1			
Alfons OSt (II) 50100-Stamm	6			
Altgold OSt 50200-Stamm	3			
Ansturm OSt 50969-Stamm	2			
Allex OSt (I) 51550-Stamm	19			
Alwin OSt 54967-Stamm	1			
Allah LMR 5327-Stamm	2 =	(20)	34 =	17,0%
Junior OSt 19300-Linie				
Allex OSt (II) 24495-Stamm	3			
Junior OSt (II) 26947-Stamm	7			
Der Jude OSt 27895-Stamm	19 =	(15)	29 =	14,5%
Berthold OSt 23174-Linie				
Bernhard OSt 28319-Stamm	2			
Bernhard OSt (II) 29922-Stamm	27 =	(21)	29 =	14,5%
Prior OSt (I) 21809-Linie				
Primus (II) 26945-Stamm		(2)	7 =	3,5%

Adema FRS (I) 22231-Linie			
Bontjes Adema FRS (II) 24674-Stamm	17		
Alardus FRS 25445-Stamm	1		
Hantje FRS 26114-Stamm	1		
Keizer FRS 26878-Stamm	2 =	(15)	21 = 10,5%
Sonstige FRS-ASL-Linien		(4)	5 = 2,5%
OH-Linien		(3)	4 = 2,0%
Ohne Blutlinienzugehörigkeit		(7)	7 = 3,5%
	Sa.	(122)	200 = 100%

Anteil der HB-Bullen = 62 = 31,0%
Anteil der K-Bullen = 138 = 69,0%
Anteil der Väter = 15 = 7,5%
Anteil der Importbullen = 71 = 35,5%
58 LMR-Bullen
11 PS-Bullen
1 SHG-Bulle
1 OH-Bulle

Söhne-Väter-Quotient = 1,64
Zuchtwertkl.: I = 0 = 0,0%
II = 89 = 45,2%
III = 105 = 53,3%
IV = 3 = 1,5%

38. Kreis Pasewalk

Blutlinienverteilung:

Juwel OSt (II) 25486-Linie			
Tom OSt (II) 37286-Stamm	4		
Graf Kobold OSt 32370-Stamm	5 =	(9)	9 = 13,8%
Almerich OSt (II) 45100-Linie			
Altgold OSt 50200-Stamm	2		
Allex OSt (I) 51550-Stamm	4		
Alwin OSt 54967-Stamm	1 =	(4)	7 = 10,8%
Junior OSt 19300-Linie			
Allex OSt (II) 24495-Stamm	4		
Junior OSt (II) 26947-Stamm	2		
Der Jude OSt 27895-Stamm	7 =	(10)	13 = 20,0%
Berthold OSt 23174-Linie			
Bernhard OSt (II) 29922-Stamm		(13)	16 = 24,6%

Prior OSt (I) 21809-Linie			
Primus OSt (II) 26945-Stamm		(3)	7 = 10,8%
Adema FRS (I) 22231-Linie			
Adema FRS 25437-Stamm		(7)	9 = 13,8%
JH-Linien		(1)	1 = 1,5%
Ohne Blutlinienzugehörigkeit		(3)	3 = 4,6%
	Sa.	(50)	65 = 100%

Anteil der HB-Bullen = 5 = 7,7%
Anteil der K-Bullen = 60 = 92,3%
Anteil der Väter = 3 = 4,6%
Anteil der Importbullen = 31 = 47,7%
26 LMR-Bullen
5 PS-Bullen

Söhne-Väter-Quotient = 1,30

Zuchtwertkl.: I = 0 = 0,0%
II = 27 = 41,5%
III = 38 = 58,5%
IV = 0 = 0,0%

39. Kreis Strasburg

Blutlinienverteilung:

General OSt (II) 20509-Linie			
Gessler OSt 26940-Stamm		(1)	1 = 2,0%
Juwel OSt (II) 25486-Linie			
Tom OSt (II) 37286-Stamm	1		
Graf Kobold OSt 32370-Stamm	6		
Quintus OSt 28815-Stamm	1 =	(8)	8 = 15,7%
Almerich OSt (II) 45100-Linie			
Allex OSt (I) 51550-Stamm		(5)	8 = 15,7%
Junior OSt 19300-Linie			
Junior OSt (II) 26947-Stamm	3		
Der Jude OSt 27895-Stamm	6 =	(9)	9 = 17,6%
Berthold OSt 23174-Linie			
Bernhard OSt (II) 29922-Stamm	7		
Bertholds Nachfolger OSt 33004-Stamm	1 =	(7)	8 = 15,7%
Prior OSt (I) 21809-Linie			
Primus OSt (II) 26945-Stamm		(1)	1 = 2,0%
Mozart PS 4622-Linie			
Siegfried PS 7970-Stamm		(1)	1 = 2,0%
Adema FRS (I) 22231-Linie			
Bontjes Adema FRS (II) 24674-Stamm		(8)	13 = 25,5%
Ohne Blutlinienzugehörigkeit		(2)	2 = 3,9%
	Sa.	(40)	51 = 100%

Anteil der HB-Bullen	= 7 =	13,7%
Anteil der K-Bullen	= 44 =	86,3%
Anteil der Väter	= 3 =	5,9%
Anteil der Importbullen	= 9 =	17,6%
	7 LMR-Bullen	
	2 PS-Bullen	

Söhne-Väter-Quotient = 1,28

Zuchtwertkl.:	I =	0 =	0,0%
	II =	29 =	56,9%
	III =	21 =	41,1%
	IV =	1 =	2,0%

40. Demokratisches Berlin

Blutlinienverteilung:

General OSt (II) 20509-Linie				
Gessler OSt 26940-Stamm		(3)	3 =	3,0%
Juwel OSt (II) 25486-Linie				
Tom OSt (II) 37286-Stamm	3			
Graf Kobold OSt 32370-Stamm	10 =	(10)	13 =	13,0%
Almerich OSt (II) 45100-Linie				
Salpeter 9/200-Stamm	1			
Alfons OSt (II) 50100-Stamm	5			
Altgold OSt 50200-Stamm	1			
Allex OSt (I) 51550-Stamm	9			
Albert PS 15692-Stamm	3			
Allah LMR 5327-Stamm	1 =	(17)	20 =	20,0%
Junior OSt 19300-Linie				
Allex OSt (II) 24495-Stamm	15			
Junior OSt (II) 26947-Stamm	4			
Der Jude OSt 27895-Stamm	10 =	(26)	29 =	29,0%
Berthold OSt 23174-Linie				
Bernhard OSt 28319-Stamm	1			
Bernhard OSt (II) 29922-Stamm	12			
Bertholds Nachfolger OSt 33004-Stamm	1			
Jelto OSt 33717-Stamm	2			
Borusse OSt 34149-Stamm	5 =	(18)	21 =	21,0%
Prior OSt (I) 21809-Linie				
Primus OSt (II) 26945-Stamm		(2)	2 =	2,0%
Adema FRS (I) 22231-Linie				
Bontjes Adema FRS (II) 24674-Stamm		(7)	8 =	8,0%
OH-Linien		(3)	3 =	3,0%
Ohne Blutlinienzugehörigkeit		(1)	1 =	1,0%
	Sa.	(87)	100 =	100%

Anteil der HB-Bullen = 16 = 16,0%
Anteil der K-Bullen = 84 = 84,0%
Anteil der Väter = 2 = 2,0%
Anteil der Importbullen = 56 = 56,0%
44 PS-Bullen
10 LMR-Bullen
2 SHG-Bullen

Söhne-Väter-Quotient = 1,15
Zuchtwertkl.: I = 1 = 1,0%
II = 26 = 26,5%
III = 69 = 70,5%
IV = 2 = 2,0%

b) Vergleich der Kreise untereinander

Überblickt man die Blutlinienverteilung in den einzelnen Kreisen, so ergibt sich — von geringen Ausnahmen abgesehen — ein relativ ausgeglichenes Bild. Die ostfriesischen Linien Almerich, Juwel, Junior und Berthold dominieren in fast allen Kreisen. In 16 Fällen steht die Almerich-Linie an der Spitze der Linien eines Kreises, 12mal ist Junior, 10mal Berthold die stärkste Linie.

Die Stärke der Linien schwankt bei
Juwel von 9,9% (Bernau) bis 26,5% (Prenzlau),
Almerich von 8,7% (Forst) bis 32,4% (Bernau),
Junior von 10,0% (Oranienburg) bis 36,4% (Finsterwalde),
Berthold von 14,5% (Oranienburg) bis 28,6% (Perleberg).

Bemerkenswert ist die verhältnismäßig starke Verbreitung der holländisch-schwedischen Linien, die in manchen Kreisen einen Anteil bis zu 25% erreichen, lediglich in den Kreisen des Bezirks Potsdam treten sie weniger stark in Erscheinung. Alle anderen Linien spielen in sämtlichen Kreisen eine untergeordnete Rolle; ihre Verbreitung schwankt im einzelnen wie folgt:

General von 0,4% (Angermünde) bis 7,3% (Gransee),
Prior von 0,0% (Senftenberg, Strausberg) bis 10,8% (Pasewalk),
JH-Linien von 0,0% (17 Kreise) bis 8,8% (Guben),
OH-Linien von 0,0% (10 Kreise) bis 9,4% (Belzig),
OPH-Linien von 0,0% (11 Kreise) bis 3,1% (Templin).

Die Mozart-Linie, die Nero-Linie, die Bussard-Linie und die WPH-Linien sind für Brandenburg völlig bedeutungslos, da sie nur mit ganz wenigen Tieren — vielfach nur mit einem Bullen — in Erscheinung treten.

Im nördlichen Teil des Zuchtgebietes, vor allem in der Prignitz und im Havelland, haben sich bereits die modernen Leistungslinien etwas stärker in den Vordergrund geschoben als im Süden, besonders in der Cottbusser Gegend, wo noch die älteren JH- und OH-Linien und auch die Berthold-Linie stärker vertreten sind.

Insgesamt gesehen kann jedoch von ausgeprägt großen Abweichungen im Blutaufbau der einzelnen Kreise nicht gesprochen werden. Vielmehr wäre zu sagen, überall ist von jedem etwas enthalten. In diesem Sinne könnte man den Blutaufbau in Brandenburg als Ausdruck einer weitgehenden Vereinheitlichung und Ausgeglichenheit ansehen, die im Laufe der Jahrzehnte infolge der Verwendung gekörter Vatertiere aus immer wieder den gleichen bedeutenden Zuchten und Blutlinien entstanden sein dürfte. Bei der relativ engen Blutführung in unseren Herdbuchzuchten kann erwartet werden, daß durch die KB in Zukunft die genetischen Unterschiede zwischen verschiedenen Beständen allmählich geringer werden, so daß schließlich die Leistungsunterschiede zwischen den Herden in der Praxis vorwiegend auf den Wirkungen einer verschiedenen Haltung und Fütterung beruhen, worauf STAHL kürzlich hingewiesen hat (30). Höhere Leistungen würden sich dann nur unter optimalen Umweltbedingungen entfalten, während sonst die Leistungsanlagen nicht zur Ausschöpfung kommen.

Bei der Betrachtung des Anteils der Importbullen, der zum Teil recht unterschiedlich ist, muß beachtet werden, daß die vollständig erfaßten Importbullen den Kreisbullen gegenüber gestellt werden mußten, die nur 78,1% vom Gesamtmaterial betragen. Dadurch fallen die für die Importbullen angegebenen Prozentsätze zu hoch aus. Sie müßten etwa um $^1/_4$ bis $^1/_5$ gekürzt werden, um den tatsächlichen Verhältnissen zu entsprechen, wodurch die Unterschiede zwischen den einzelnen Kreisen bedeutend verkleinert erscheinen. Der Anteil der Importbullen liegt am höchsten in den Kreisen, die wenig Herdbuchzuchten besitzen, wo also der größte Teil aller angekauften Bullen in die Landeszucht geht. Der Bullenbedarf für diese Kreise wird bezeichnenderweise zu einem beträchtlichen Teil auf ZVA außerhalb des Zuchtgebietes — besonders in Sachsen-Anhalt — gedeckt. Der Ankauf wird meist durch das Handelskontor getätigt. Von einer Zuchtplanung kann hier also kaum die Rede sein. Den höchsten Anteil derartiger Importbullen hat das Demokratische Berlin, mit 56,0%, davon sind 90,0%, also 44,0% der Gesamtbullenzahl des Kreises, aus Sachsen-Anhalt. Ähnlich hoch ist der Anteil der Importbullen und besonders derjenigen aus Sachsen-Anhalt in den Kreisen Lübben mit 55,2% (davon 48,0% der Gesamtbullenzahl des Kreises aus Sachsen-Anhalt), Seelow mit 41,8% (davon 39,5% der Gesamtbullenzahl aus Sachsen-Anhalt) und Strausberg mit 39,2% (davon 31,1% der Gesamtbullenzahl aus Sachsen-Anhalt), während in der Uckermark der rd. $^1/_3$ betragende Anteil der Importbullen vor allem durch Ankäufe aus dem Mecklenburgischen zustande kommt. So stammen in dem Teil des Kreises Pasewalk, der früher zum Kreis Prenzlau gehörte, 40% aller Bullen aus Mecklenburg.

Den niedrigsten Anteil der Importbullen haben die ausgesprochenen Hauptzuchtgebiete (Ludwigslust 3,7%, Perleberg 4,3%, davon 2,2% aus Sachsen-Anhalt), in denen die Landeszucht ihren Bullenbedarf fast ausschließlich aus der bodenständigen Zucht deckt und die Importe sich auf die erforderliche Blutzufuhr für die Hochzuchten — meist aus den nordwestdeutschen Zuchtgebieten — beschränken. Der Anteil der Importe aus Westdeutschland bzw. dem Ausland liegt in allen Kreisen unter 4% der Gesamtbullenzahl der Kreise.

In bezug auf die Verwandtschaft innerhalb der Linien und Kreise interessierte das Verhältnis der Zahl der Söhne zur Zahl ihrer Väter, der sog. Söhne-Väter-Quotient. Er stellt allerdings lediglich einen Anhaltspunkt dar und läßt keine genauen Aussagen über die Verwandtschaft zu. Es ist dabei zu beachten, daß nach den Gesetzen der Populationsgenetik nicht die Zahl der Nachkommen ihre durchschnittliche Verwandtschaft bestimmt, sondern einzig und allein die Beschaffenheit ihrer Vorfahren. 200 Söhne, die 20 verschiedene Väter haben (Söhne-Väter-Quotient = 10) sind keineswegs so eng verwandt wie 10 Söhne, die 5 verschiedene Väter haben (Söhne-Väter-Quotient = 2). Da nur bei annähernd gleicher Söhnezahl der untersuchte Söhne-Väter-Quotient den Vergleich unterschiedlicher Väterzahlen gestattet, ist er nur in diesem Falle in der Lage, Aufschluß über eine größere oder kleinere Verwandtschaft zu geben. Da die Söhnezahl der einzelnen Kreise nicht allzu stark voneinander abweicht, sind Vergleiche vorgenannter Art hier zulässig. Der Söhne-Väter-Quotient liegt im Durchschnitt bei 1,4, d. h. je 1,4 Bullen haben den gleichen Vater. Man kann auch sagen, fast jeder Bulle hat einen anderen Vater. Das tatsächliche Verhältnis dürfte allerdings höher liegen, da ja in den Kreisen nur 70% aller Bullen erfaßt sind. Aber da dies in allen Kreisen gleich ist, ist ein Vergleich der Kreise untereinander möglich. Wesentliche Unterschiede ergeben sich jedoch nicht. Lediglich in den Zuchtkreisen mit starkem Bullenbesatz liegt der Söhne-Väter-Quotient erwartungsgemäß etwas höher, etwa bei 2,20.

Wie schon eingangs betont, war eine leistungsmäßige Auswertung der Ergebnisse nicht beabsichtigt. Um dennoch auch bei den vorliegenden Untersuchungen einen Anhaltspunkt über die Bullenqualität in den einzelnen Kreisen zu bekommen, wurde die Verteilung der untersuchten Bullen auf die Zuchtwertklassen ermittelt. (Die in den Kreisbeschreibungen angegebenen absoluten Zahlen für die einzelnen Zuchtwertklassen liegen verschiedentlich etwas niedriger als die Gesamtzahl aller untersuchten Bullen des Kreises, weil nicht immer für alle Bullen die Zuchtwertklasse nachträglich festzustellen war).

Bei der Analyse der Zuchtwertklassen ergaben sich stärkere Unterschiede zwischen verschiedenen Gebieten. Faßt man die Bullen der Zuchtwertklassen I und II zusammen, so steht der Kreis Ludwigslust mit 60,2% an der Spitze. Über 50% liegen die Kreise Neuruppin, Gransee, Nauen, Fürstenwalde, Eberswalde, Angermünde und Strasburg. Sehr wenig Bullen der besseren Klassen — nur 20% bis 30% — haben die Kreise Calau, Cottbus, Guben, Lübben, Fürstenberg und das Demokratische Berlin aufzuweisen. Am schlechtesten schneidet der Kreis Senftenberg mit 8,9% ab. Zum Teil handelt es sich hierbei wiederum um Kreise, die ihren Bullenbedarf in erster Linie durch auswärtige Ankäufe über die Handelskontore decken. Bei der Analyse derjenigen Kreise, die vorwiegend durch Sammeleinkäufe der Handelskontore versorgt werden, ist jedoch zu berücksichtigen, daß ein Teil der in den Verkaufslisten als für diese Kreise vermittelt angegebenen Bullen an Nachbarkreise weiter verteilt wird, was leider aus den Verkaufsunterlagen nicht hervorgeht. Dies trifft insbesondere für die Kreise Seelow, Lübben, Angermünde und Calau zu, deren zuständige Handelskontore vor allem auf ZVA in Sachsen-Anhalt ständig als Großeinkäufer auftraten. Die für diese Kreise geschilderten Verhältnisse bezüglich des Anteils der Importbullen und der Verteilung der Zuchtwertklassen dürften deshalb auch für deren Nachbarkreise zutreffen bzw. wären z. T. auf diese zu übertragen, wodurch ein gewisser Ausgleich innerhalb dieser Kreise zustande käme.

Der Anteil der HB-Bullen und der Väter ist naturgemäß in den Zuchtzentren am größten. Es führt der Kreis Ludwigslust mit 70,1% HB-Bullen vor Oranienburg (54,3%), Jüterbog (51,8%) und Luckau (49,6%). Den geringsten Anteil haben die Kreise Pasewalk (7,7%) und Seelow (10,1%). Die Ermittlung des Anteils der HB- und K-Bullen ist weniger für die Analyse der Blutlinien in den Kreisen als für die Analyse der Gesamtblutlinien von Bedeutung, wo der Vergleich zwischen dem Anteil der HB- zum Anteil der K-Bullen zur Klärung der Frage dienen sollte, inwieweit vom Blutaufbau der Herdbuchzuchten auf die Landeszucht geschlossen werden kann. Darüber sei in folgendem Abschnitt näheres ausgeführt.

II. Die Analyse der Blutlinienzugehörigkeit im Landesmaßstab (ohne künstliche Besamung)

a) Blutlinientafeln

Innerhalb der einzelnen Stämme sind in Klammern die wichtigsten Zweige und Bullenväter mit der Zahl ihrer Söhne angegeben. Hinter jedem Stamm ist die Gesamtsöhnezahl in absoluten und in Prozentzahlen vermerkt.

1. General OSt (II) 20509-Linie

Nero OSt 25764-Stamm	3 = 1,3%
Genosse OSt 25767-Stamm	3 = 1,3%
Gessler OSt 26940 — Grenadier OSt 37281-Stamm (— Grant OSt 40500 — Germane OSt 42870 — Grumbach OSt 45550 — Graf OSt 48356 — Condor 2/1258, 25 Sö., — Grant OSt 40500 — Maistern OSt 45265 — Maisturm OSt 50700 — Mentor OSt 61870 — Merkur 1/1324, 17 Sö., — Kegel PS (F) 17400 — Günter OSt 41400 — Gottfried OSt (II) 43750 — Rex OSt 48900 — Reno OSt 58727 — Renko OSt 62620 — Rast 1/1345, 62 Sö., — Genius OSt 42800 — Spion OSt 45600 — Spirant OSt 48665 — Sportler 1/806, 55 Sö.)	226 = 97,4%
	Sa. 232 = 100%

2. Juwel OSt (II) 25486-Linie

Alges Ast OSt 38438-Stamm	45 = 3,8%
Tom OSt (II) 37286-Stamm (— Manfred 1/142 — Floras Manfred 1/451 — Taucher 1/1004 — Alex 1/1194, 128 Sö.)	264 = 22,6%
Graf Kobold OSt 32370-Stamm (— Feko OSt (I) 39262 — Fedor OSt 42700 — Quell PS 13929 — Feko OSt (I) 39262 — Fedo OSt 48200 — Freiherr 1/798,125 Sö. — Landmann 1/1424, 27 Sö., — Feko OSt (I) 39262 — Faust OSt 49383 — Feind 1/920 — Schildhorn 1/1154, 40 Sö., — Auerhahn 1/1171, 50 Sö.)	815 = 68,7%
Kobold OSt (II) 29755 — Knud OSt 34000-Stamm	24 = 2,1%
Quintus Udo OSt 26983 — Quapp OSt 29757-Stamm	9 = 0,8%
Quirinal OSt (II) 27882-Stamm	4 = 0,3%
Quintus OSt 28815-Stamm	25 = 2,1%
	Sa. 1186 = 100%

3. Almerich OSt (II) 45100-Linie

Altist 1/421-Stamm	4 = 0,3%
Albert 1/667-Stamm	39 = 2,7%
Amtmann 2/1326-Stamm	8 = 0,5%
Adelbert 3/945-Stamm	6 = 0,4%
Salpeter 9/200-Stamm	10 = 0,7%
Bettler OSt 48500-Stamm	1 = 0,06%
Adelrich OSt 48546-Stamm	1 = 0,06%
Alfons OSt (II) 50100-Stamm	243 = 16,7%
Altgold OSt 50200-Stamm (—Arius PS 16605 —Arno PS 18407 — Gote 1/1396, 55 Sö.)	123 = 8,4%
Amor OSt 50250-Stamm	9 = 0,6%
Ebbel OSt 50510-Stamm	3 = 0,2%
Amos OSt 50750-Stamm	8 = 0,5%
Ansturm OSt 50 969-Stamm	3 = 0,2%
Amandus OSt 51000-Stamm	1 = 0,06%
Allex OSt (I) 51550-Stamm (— Alba OSt (I) 58150 — Anton 1/1274, 253 Sö., — Tourist OSt 60300 — Saturn 1/1325, 191 Sö., — Toni 3/82, 21 Sö.)	850 = 58,4%
Ansbach OSt 51600-Stamm	12 = 0,8%
Aribert OSt 51800-Stamm	8 = 0,5%
Alfons OSt 52320-Stamm	1 = 0,06%
Artur OSt 54800-Stamm	25 = 1,7%
Alwin OSt 54967-Stamm	27 = 1,9%
Astrologe OSt 55250-Stamm	2 = 0,1%
Astrologe OH 17673-Stamm	7 = 0,5%
Arno OH 19940-Stamm	4 = 0,3%
Zeus WH 15571-Stamm	1 = 0,06%
Albert PS 15692-Stamm	52 = 3,6%
Adelbert SHG 4740-Stamm	3 = 0,2%
Allah LMR 5327-Stamm	5 = 0,2%
	Sa. 1456 = 100 %

4. Junior OSt 19300-Linie

Allex OSt (II) 24495-Stamm (— Abel OSt (II) 27129 — Abelius OSt 30809 — Rex PS 9555 — Räuber PS 10550 — Ritter PS 13013 — Rebell PS 14388)	299 = 18,2%
Junior OSt (II) 26947-Stamm (— Jurist OSt 32350 — Jodler OSt (II) 35000 — Anton OSt 37651 — Dorn OSt 42600 — Donar OSt 45450 — Derk 1/686 — Benno 1/1157, 81 Sö.)	284 = 22,5%

Der Jude OSt 27895-Marius OSt 29157 -Rex OSt 31883-Judäer OSt 39259-Astor OSt (II) 40867-Stamm (— Juwel OSt (I) 42750 — Justizrat OSt (II) 45900 — Immo OSt 42773 — Maikönig OSt (II) 45000 — Diederk OSt (I) 48 600 — Bernd OSt 48700 — Allerletzter OSt 52000 — Rastor OSt (II) 46100 — Rudolf OSt 51560 — Rudi OSt 66647 — Reichbach 1/1273, 70 Sö.)	748 = 59,3%
	Sa. 1261 = 100%

5. Berthold OSt 23174-Linie

Mangold OSt 25753-Stamm	96 = 6,5%
Bernhard OSt 28319-Stamm	66 = 4,5%
Bernhard OSt (II) 29922-Stamm (— Brutus OSt 34258 — Baldur OSt 37516 — Urian 1/473 — Hannemann 1/785 — Herfried 1/1221, 76 Sö., — Lux 1/1357, 110 Sö., — Berko OSt 41000)	1086 = 73,4%
Berthold OSt (II) 30 513-Stamm	4 = 0,3%
Bertholds Nachfolger OSt 33004-Stamm	61 = 4,1%
Jelto OSt 33 717-Stamm	76 = 5,1%
Borusse OSt 34149-Stamm	69 = 4,7%
Immo JH 78516-Stamm	22 = 1,5%
	Sa. 1480 = 100%

6. Bussard OSt (II) 21814-Linie

Bodo OSt 25539 — Albert OSt 30 512-Stamm	1 = 100%

7. Prior OSt (I) 21809-Linie

Junus OSt 24871-Stamm	3 = 1,6%
Primus OSt (II) 26945-Stamm (— Heddo OSt 50550 — Edgard OSt 61491 — Claas 1/1259, 32 Sö., — Cato OSt 61949 — Carol 2/1935, 102 Sö.)	181 = 98,4%
	Sa. 184 = 100%

8. Nero OSt 1672-Linie	4 = 100%

9. Mozart PS 4622-Linie

Siegfried PS 7970-Stamm		1 = 50%
Lortzing PS 8024-Stamm		1 = 50%
	Sa.	2 = 100%

10. Adema FRS (I) 22231-Linie

Bontjes Adema FRS (II) 24674 (Abbo OSt 50500)-Stamm (— Baudina Adema FRS 26877 — Oskar FRS 68864 — Saban 1/1155, 110 Sö., — Titus Adema PS 15443 — Der Friese OSt 58000 — Tjisko 2/2012, 134 Sö.)		628 = 86,3%
Arnold FRS 25351-Stamm		9 = 1,2%
Adema FRS 25437-Stamm		9 = 1,2%
Alardus FRS 25445-Stamm		12 = 1,6%
Hiltjes Adema FRS 25553-Stamm		8 = 1,1%
Hantje FRS 26114-Stamm		1 = 0,1%
Eduard FRS 26752-Stamm		23 = 3,2%
Keizer FRS 26878-Stamm		10 = 1,4%
David FRS 26956-Stamm		1 = 0,1%
Bernard FRS 27067-Stamm		12 = 1,6%
Thomas FRS 27787-Stamm		2 = 0,3%
Sil FRS 27987-Stamm		13 = 1,8%
	Sa.	728 = 100%

11. Sonstige holländsch-schwedische Linien	139
12. Jeverländer Linien	110
13. Oldenburger Linien	130
14. Ostpreußische Linien	72
15. Westpreußische Linien	1
16. Ohne Blutlinienzugehörigkeit (Abstammung nur bis zur ersten Generation feststellbar)	52

b) Vergleich der Blutlinien untereinander

Die Ergebnisse vorstehender Blutlinientafeln beruhen auf der Zusammenfassung der Kreisergebnisse auf Grund der 7038 karteimäßig erfaßten Bullen = 76,9% aller seit 1948 in die Zucht gegangenen Vatertiere. In Tab. 1 sind diese Zahlen gegenübergestellt einerseits der Verteilung aller für den Blutaufbau überhaupt erfaßbaren Bullen, d. s. 9089 = 90,6% aller seit 1948 für die Zucht bereitgestellten Bullen, und andererseits der Verteilung der für die Kreise erfaßbaren Bullen zuzüglich derjenigen Tiere, die nicht verkauft, nicht

TABELLE 1

Blutlinienverteilung bei wechselnder Größe der untersuchten Population

1	2	3	4	5	6	7	8	9	10
Blutlinie	Zahl d. seit 1948 f. d. Zucht bereitgest. Bullen einschl. KB	% von Sp. 2	Rangfolge von Sp. 2	Zahl d. seit 1948 i. d. Z. geg. Bullen einschl. n. v., n. k. usw. u. KB	% von Sp. 5	Rangfolge von Sp. 5	Zahl d. f. d. Blutlinienvert. i. d. Kreis. seit 1948 erf. Bullen ohne KB	% von Sp. 8	Rangfolge von Sp. 8
General	343	3,7	7.	254	3,3	6.	232	3,3	6.
Juwel	1538	16,9	4.	1274	16,6	4.	1186	16,9	4.
Almerich	1854	20,5	1.	1581	20,6	2.	1456	20,1	2.
Junior	1605	17,7	3.	1358	17,7	3.	1261	17,9	3.
Berthold	1860	20,5	1.	1600	20,8	1.	1480	21,0	1.
Bussard	1	0,01	15.	1	0,01	15.	1	0,01	15.
Prior	366	4,0	6.	217	2,8	7.	184	2,6	7.
Nero	5	0,05	13.	5	0,06	13.	4	0,05	13.
Mozart	2	0,02	14.	2	0,02	14.	2	0,02	14.
Adema	876	9,6	5.	837	10,9	5.	728	10,3	5.
Sonst. FRS-ASL	177	1,9	8.	151	2,0	8.	139	2,0	8.
JH	143	1,6	10.	117	1,5	10.	110	1,6	10.
OH	157	1,7	9.	144	1,9	9.	130	1,8	9.
OPH	107	1,2	11.	81	1,1	11.	72	1,0	11.
WPH	1	0,01	15.	1	0,01	15.	1	0,01	15.
Ohne Blutl.-Zug.	54	0,6	12.	54	0,6	12.	52	0,7	12.
Sa.	9089 = 90,6% v. 10027			7677 = 76,6% v 10027			7038 = 76,9% v. 9158		

TABELLE 2
Blutlinienverteilung

1	2	3	4	5	6	7	8	9
Blutlinie	Bullen insgesamt	% von Spalte 2	HB-Bullen	% von Spalte 4	K-Bullen	% von Spalte 6	LKR-Bullen	% von Spalte 8
General	232	3,3	107	5,0	125	2,6	199	3,6
Juwel	1186	16,9	390	18,1	796	16,3	1046	18,7
Almerich	1456	20,1	412	19,1	1044	21,4	1154	20,6
Junior	1261	17,9	401	18,6	860	17,6	829	14,8
Berthold	1480	21,0	466	21,6	1014	20,8	1160	20,7
Bussard	1	0,01	—	—	1	0,02	—	—
Prior	184	2,6	30	1,4	154	3,2	178	3,2
Nero	4	0,05	1	0,04	3	0,1	4	0,07
Mozart	2	0,02	1	0,04	1	0,02	1	0,01
Adema	728	10,3	196	9,1	532	10,9	642	11,5
Sonst. FRS-ASL	139	2,0	45	2,1	94	1,9	99	1,8
JH	110	1,6	48	2,2	62	1,3	108	1,9
OH	130	1,8	38	1,8	92	1,9	102	1,8
OPH	72	1,0	20	0,9	52	1,1	59	1,1
WPH	1	0,01	1	0,04	—	—	1	0,01
Ohne Blutl.-Zug.	52	0,7	4	0,3	48	1,0	11	0,2
Sa.	7038	100%	2160 = 30,7% v. 7038	100%	4878 = 69,3% v. 7038	100%	5593 = 79,5% v. 7038	100%

TABELLE 3

Anteil der Importbullen

(Zahlenangaben absolut und in %,

Blutlinien	Insgesamt		PS		LMR		OSt		OH		ASL	
	abs.	%	abs.	%	abs.	%	abs.	%	abs.	%	abs.	%
General	33	14,2	21	9,1	—	—	11	4,7	—	—	—	—
Juwel	140	11,8	118	9,8	16	1,3	1	0,1	—	—	—	—
Almerich	302	20,7	226	15,5	25	1,7	39	2,7	2	0,1	—	—
Junior	432	34,3	338	26,8	52	4,1	34	2,7	2	0,2	—	—
Berthold	320	21,6	285	19,3	27	1,8	2	0,1	3	0,2	—	—
Bussard	1	100,0	1	100,0	—	—	—	—	—	—	—	—
Prior	6	3,3	4	2,2	1	0,5	1	0,5	—	—	—	—
Nero	—	—	—	—	—	—	—	—	—	—	—	—
Mozart	1	50,0	1	50,0	—	—	—	—	—	—	—	—
Adema	86	11,8	42	5,8	26	3,6	6	0,8	—	—	5	0,7
FRS-ASL	40	28,8	2	1,4	13	9,4	2	1,4	2	1,4	18	12,9
JH	2	1,8	—	—	—	—	—	—	—	—	—	—
OH	28	21,5	—	—	6	0,8	—	—	21	16,2	—	—
OPH	13	18,1	11	15,3	—	—	—	—	1	1,9	—	—
WPH	—	—	—	—	—	—	—	—	—	—	—	—
Ohne Blutl.-Zug.	41	78,8	4	7,7	26	50,0	—	—	1	1,9	7	13,5
Sa.	1445		1053		192		96		32		30	
% v. 1445	100,0		72,9		13,3		6,6		2,2		2,1	
% v. 7038	20,5		15,0		2,7		1,4		0,5		0,4	
% v. 9158	15,8		11,5		2,1		1,0		0,3		0,3	

gekört, zurückgestellt oder nach außerhalb des Zuchtgebietes verkauft wurden, also für die Blutlinienverteilung in den Kreisen nicht in Betracht kommen. In allen drei Fällen zeigen die Blutlinien fast völlig die gleiche Verteilung und Größenordnung, obwohl einmal nur rd. 90% und zweimal sogar nur rd. 75% der vergleichbaren Gesamtpopulation für die Untersuchung herangezogen wurden. Dies kann — wie bereits bei der Besprechung der Methodik betont — als Beweis dafür angesehen werden, daß das für die Untersuchungen benutzte Material einen repräsentativen Ausschnitt aus der Gesamtpopulation darstellt.

Das beim Vergleich der Kreise über die Blutlinienverteilung Gesagte schält sich bei der Betrachtung der Blutlinien im ganzen Zuchtgebiet Brandenburg noch deutlicher heraus. Die Berthold-Linie und die Almerich-Linie, denen je $^1/_5$ der Vatertiere des Landes angehören, prägen neben der Junior- und Juwel-Linie mit 17,9% und 16,9% das Bild des Blutaufbaues in der brandenburgischen Schwarzbuntzucht. Legt man alle holländisch-schwedischen Tiere einschl. der Adema-Linie zusammen, so steht dieses Blut mit 12,3% an fünfter Stelle. Alle anderen Blutlinien sind schon heute in männlicher Linie relativ unbedeutend und stellen nur eine gewisse — nicht unwillkommene — Bereicherung der Blutbasis dar.

So günstig die nahezu gleichstarke Verteilung von 5 bedeutenden Blutlinien empfunden werden könnte, so bedenklich mutet jedoch die Tatsache an, daß die modernen ostfriesischen Leistungslinien nicht stärker vertreten sind als die Bertholdlinie mit ihren zwar teils hervorragenden Formtieren, denen aber vielfach eine schlechte Fettvererbung nachgesagt wird. Vergleicht man den Blutaufbau in Brandenburg mit den Analysen über andere Zuchtgebiete, so ist man geneigt, Brandenburg als nachhinkend zu bezeichnen. So entfallen in Ostfries-

TABELLE 3

am Blutaufbau

bezogen auf Gesamtzahl der betreffenden Linie)

SHG		FRS		JH		Dä		LHB		OPH		WH		StH	
abs.	%	abs.	%	abs.	%	abs.	%	abs.	%	abs.	%	abs.	%	abs.	%
1	0,4	—	—	—	—	—	—	—	—	—	—	—	—	—	—
5	0,4	—	—	—	—	—	—	—	—	—	—	—	—	—	—
7	0,5	—	—	—	—	—	—	2	0,1	—	—	1	0,06	—	—
5	0,3	—	—	—	—	—	—	1	0,1	—	—	—	—	—	—
1	0,6	—	—	2	0,1	—	—	—	—	—	—	—	—	—	—
—	—	—	—	—	—	—	—	—	—	—	—	—	—	—	—
—	—	—	—	—	—	—	—	—	—	—	—	—	—	—	—
—	—	—	—	—	—	—	—	—	—	—	—	—	—	—	—
—	—	—	—	—	—	—	—	—	—	—	—	—	—	—	—
—	—	5	0,7	—	—	2	0,3	—	—	—	—	—	—	—	—
—	—	1	0,7	—	—	2	1,4	—	—	—	—	—	—	—	—
—	—	—	—	2	1,8	—	—	—	—	—	—	—	—	—	—
1	0,8	—	—	—	—	—	—	—	—	—	—	—	—	—	—
—	—	—	—	—	—	—	—	—	—	1	1,9	—	—	—	—
—	—	—	—	—	—	—	—	—	—	—	—	—	—	—	—
1	1,9	1	1,9	—	—	—	—	—	—	—	—	—	—	1	1,9
21		7		4		4		3		1		1		1	
1,5		0,5		0,3		0,3		0,2		0,1		0,1		0,1	
0,3		0,09		0,05		0,05		0,04		0,01		0,01		0,01	
0,2		0,08		0,04		0,04		0,03		0,01		0,01		0,01	

land nach Untersuchungen über die Angeldschau 1956 42% auf die Almerich-Linie, 36% auf Astor-Allerletzter und 13% auf Heddo. Gerade dieser Zweig der Prior-Linie, der sich in letzter Zeit besonders in Ostfriesland immer mehr in den Vordergrund schiebt, ist in Brandenburg noch recht unbedeutend. Auch die Importtiere der letzten Jahre entstammen nicht dieser Linie. In Sachsen-Anhalt ist seit einiger Zeit ebenfalls ein starker Anstieg der Almerich- und Junior-Linie (Astor-Zweig) auf Kosten der fettschwachen Berthold-Linie zu verzeichnen.

Bei all diesen Analysen handelt es sich jedoch um Untersuchungen der Stammbullen oder anderer Spitzenvertreter der Zucht innerhalb eines Jahres. Es muß bezweifelt werden, ob diese meist einseitigen Analysen von Stammbullenschauen oder dergl. überhaupt mit unseren Ergebnissen, die auf dem Bullenmaterial der gesamten Herdbuch- und Landeszucht eines großen Gebietes beruhen und einen Zeitraum von fast 10 Jahren umfassen, vergleichbar sind. Ähnliche Untersuchungen über die Landeszucht sind uns aus anderen Zuchtgebieten bisher nicht bekannt. Ein Vergleich mit der ersten brandenburgischen Stammbullenschau nach dem Kriege, 1955 in Potsdam, ist nicht möglich, da die Mehrzahl aller Bullen Importtiere waren. Hier führte allerdings das Almerich- und Junior-Blut.

Über die Entwicklung des Blutaufbaues gibt die graphische Darstellung Abb. 1 nähere Auskunft. Die oben besprochene Tendenz des Vorherrschens weniger Linien tritt auch hier klar zutage. Während durch die Zusammenfassung der Jahre 1948 bis 1954 eine nahezu gleichstarke Bewertung der stärksten Linien erfolgt, zeigt sich bei der Aufschlüsselung der Blutlinienverteilung auf die einzelnen Jahre, daß immerhin schon seit etwa 1949/50 ein Teil der Linien außerordentlich stark auf Kosten der anderen im Ansteigen

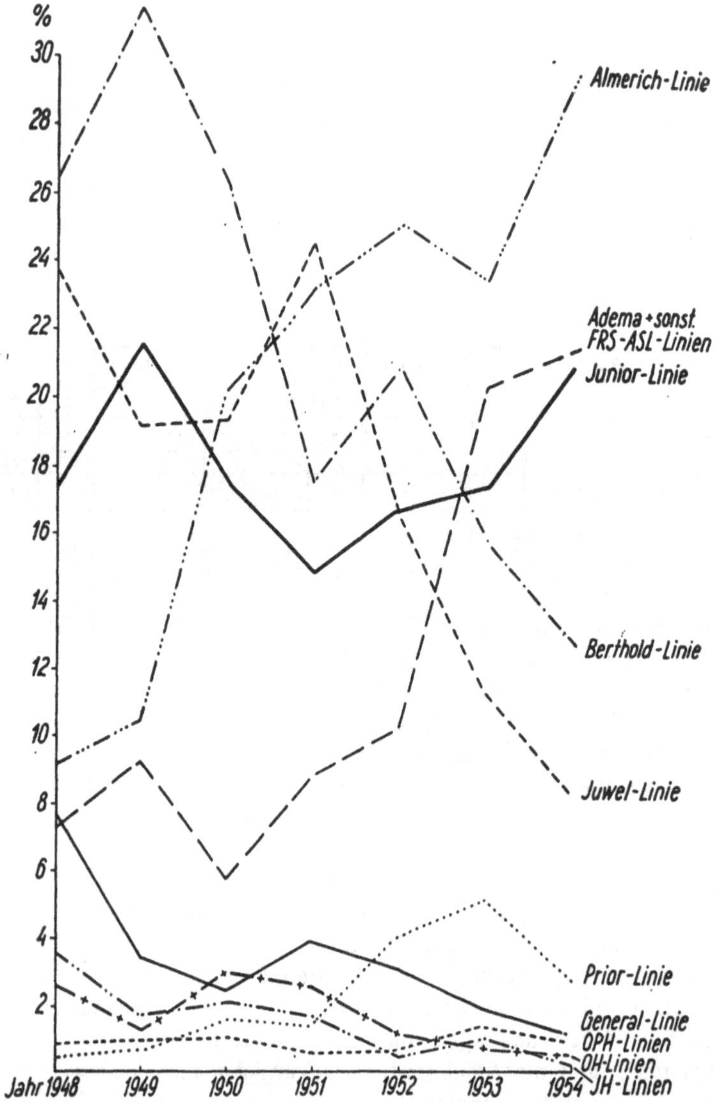

Abb. 1: Entwicklung des Blutaufbaues in der brandenburgischen Schwarzbuntzucht von 1948—1954 (ohne KB)

begriffen ist. Das trifft besonders auf die Almerich- und Junior-Linie zu. Auffallend ist auch das sprunghafte Ansteigen der schwedisch-holländischen Linien von 7,4% im Jahre 1948 bis zu 21,5% im Jahre 1954. Im Hinblick auf den Einfluß der KB gewinnt diese Entwicklung besondere Bedeutung, worauf im Teil III näher eingegangen werden soll.

Beim Vergleich des Anteils der HB-Bullen mit dem Anteil der K-Bullen ergibt sich kein merklicher Unterschied, der Einfluß auf die Rangordnung der einzelnen Blutlinien hätte. Zwar läßt sich durch die Einstufung in HB- und K-Bullen keine völlige Trennung zwischen Herdbuch- und Landeszucht herbeiführen, da viele HB-Bullen auch die Kühe der Landeszucht decken und zahlreiche jüngere Bullen, die z. Zt. der Untersuchung K-Bullen waren, später noch ins Herdbuch eingetragen werden dürften, dennoch scheint — unter Berücksichtigung evtl. kleinerer Verschiebungen zwischen den HB- und K-Bullen — die Annahme berechtigt, daß bei einem genügend großen Material und entsprechend langen Zeiträumen Schlüsse vom Blutaufbau der HB-Zucht auf die Landeszucht durchaus vertretbar sind. Beim Vergleich nur kurzer Zeitspannen wird sich allerdings der Vorsprung bemerkbar machen, den die HB-Zucht als Bullenlieferant für die Landeszucht naturgemäß haben muß.

Auffallenderweise vermag auch der Anteil der Importbullen den Blutaufbau in Brandenburg nicht merklich zu verändern, obwohl ca. $^1/_6$ aller Tiere von auswärts gekauft wurden. Betrachtet man die in Brandenburg gekauften Bullen allein, so erleidet lediglich die Junior-Linie eine stärkere Einbuße zugunsten der Juwel-Linie, zurückzuführen vor allem auf den starken Ankauf von Retter- und Jaguar-Söhnen als Hauptvertreter der Junior-Linie in Sachsen-Anhalt. Bemerkenswert ist, daß die Berthold-Söhne an zweiter Stelle auf der Einfuhrliste von Sachsen-Anhalt stehen. Unterdessen ist das Berthold-Blut in Sachsen-Anhalt selbst außerordentlich zurückgedrängt worden. Insgesamt betragen die Einfuhren aus Sachsen-Anhalt 11,5%, aus Mecklenburg 2,1% und aus Ostfriesland 1,0% der Gesamtbullenzahl von 9158; die Einfuhren aus anderen Zuchtgebieten liegen unter 1,0%.

Gewisse Schlüsse auf die Leistungsfähigkeit der einzelnen Blutlinienvertreter ergeben sich aus der Verteilung der Zuchtwertklassen in den Linien. Rechnet man die wertvollen Klassen I und II zusammen, so schneidet die kleine Gruppe der ostpreußischen Bullen mit 59,4% am besten ab, wobei allerdings die geringe Bullenzahl, die hier zur Beurteilung zur Verfügung steht, die Sicherheit des Ergebnisses einschränkt. Ebenfalls über 50% liegen die holländisch-schwedischen Linien und die heute viel gerühmten Prior-Bullen, während die Berthold-Linie und die älteren JH-Linien am Schluß rangieren.

Schließlich sei noch auf die Stichproben zur Ermittlung des Söhne-Väter-Quotienten hingewiesen, der — wie beim Vergleich der Kreise erwähnt — bei Verwendung sämtlicher Bullen noch etwas höher liegen dürfte, aber ebenso wie zum Vergleich innerhalb der Kreise auch zum Vergleich innerhalb der Linien — unter Beachtung der bei der Besprechung der Söhne-Väter-Quotienten gemachten Einschränkungen — gut geeignet ist. Es zeigt sich, daß im Durchschnitt auf einen Bullen-Vater 4 bis 5 Söhne kommen in jeder Linie. Eine Ausnahme macht lediglich die Prior-Linie, die sich in Brandenburg auf relativ wenige gute Vererber mit zahlreichen Söhnen stützt. Hier beträgt der Söhne-Väter-Quotient 18,8.

In den Tab. 2—5 sind über die Blutlinienverteilung, den Anteil der Importbullen, die Entwicklung der Blutlinien und die Verteilung auf die Zuchtwertklassen für jede Blutlinie genaue Zahlenangaben enthalten.

TABELLE 4

Entwicklung der Blutlinien von 1948—1954 (ohne KB und unbedeutende Linien)

Blutlinien	Zahl d. pro Jahr i. d. Zucht gegangenen Bullen, abs. u. i. % d. Ges. Zahl d. betr. Jahres														Insgesamt
	1948		1949		1950		1951		1952		1953		1954		
	abs.	%	abs.	%	abs.	%	abs.	%	abs.	%	abs.	%	abs.	%	
General	74	7,6	26	3,5	27	2,6	33	4,0	34	3,1	25	2,0	13	1,3	232
Juwel	231	23,8	143	19,1	201	19,3	203	24,6	180	16,4	143	11,4	85	8,2	1186
Almerich	89	9,2	79	10,5	210	20,2	192	23,3	279	25,4	295	23,5	312	30,1	1456
Junior	171	17,6	160	21,4	183	17,6	122	14,8	186	16,9	221	17,6	218	21,0	1261
Berthold	259	26,6	235	31,4	272	26,2	146	17,7	232	21,1	201	16,0	135	13,0	1480
Prior	4	0,4	4	0,5	19	1,8	12	1,5	46	4,2	68	5,4	31	3,0	184
Adema	65	6,7	67	8,9	57	5,5	57	6,9	88	8,0	213	17,0	181	17,5	728
FRS-ASL	7	0,7	3	0,4	4	0,4	16	1,9	27	2,5	41	3,3	41	4,0	139
Ad.+FRS-ASL	72	7,4	70	9,3	61	5,9	73	8,8	115	10,5	254	20,3	222	21,5	867
JH	36	3,7	14	1,9	23	2,2	15	1,8	4	0,4	15	1,2	3	0,3	110
OH	28	2,9	12	1,6	33	3,2	23	2,8	15	1,4	13	1,0	6	0,6	130
OPH	8	0,8	6	0,8	11	1,1	6	0,7	8	0,7	21	1,7	12	1,2	72
Sa.	972		749		1040		825		1099		1256		1037		6978
% v. 6978		13,9		10,7		14,9		11,8		15,7		18,0		14,9	

TABELLE 5

Verteilung auf Zuchtwertklassen innerhalb der wichtigsten Blutlinien

(abs. und in % bezogen auf Gesamtbullenzahl der betreffenden Linien)

Blutlinien	Zwkl. I		Zwkl. II		Zwkl. III		Zwkl. IV		Zwkl. I + II		Insgesamt
	abs.	%	abs.	%	abs.	%	abs.	%	abs.	%	
General	5	2,3	91	41,2	116	52,5	9	4,1	96	43,5	221
Juwel	4	0,3	444	37,9	696	59,5	26	2,2	448	38,2	1170
Almerich	15	1,1	636	45,2	721	51,3	34	2,4	651	46,3	1406
Junior	15	1,2	471	38,7	683	56,2	47	3,9	486	39,9	1216
Berthold	15	1,0	516	35,7	852	58,9	63	4,4	531	36,7	1446
Prior	2	1,1	89	49,4	86	47,7	3	1,7	91	50,5	180
Adema	5	0,7	341	47,3	361	50,1	14	1,9	346	48,0	721
FRS-ASL	3	2,2	66	49,3	63	47,0	2	1,5	69	51,5	134
JH	—	0,0	33	31,1	61	57,5	12	11,3	33	31,1	106
OH	2	1,6	48	37,8	69	54,3	8	6,3	50	39,4	127
OPH	—	0,0	41	59,4	27	39,1	1	1,4	41	59,4	69
Sa.	66		2776		3735		219		2842		6796
% v. 6796		1,0		40,8		55,0		3,2		41,8	

(Die Differenz zwischen 7037, der Gesamtzahl aller Bullen, und 6796, der Gesamtzahl aller in die Zuchtwertklassen eingeordneten Bullen, entsteht dadurch, daß für einen Teil der Bullen die zugehörige Zuchtwertklasse aus den vorhandenen Unterlagen nicht mehr feststellbar war.)

III. Die Analyse der Blutlinienzugehörigkeit in der künstlichen Besamung und deren Einfluß auf den Blutaufbau der Herdbuch- und Landeszucht

a) Blutlinientafeln der Besamungsbezirke und deren Einflußbereiche

Seit Beginn der KB in Brandenburg im Jahre 1948 bis zum Ende der Berichtszeit, Dezember 1954, gab es in Brandenburg 23 Besamungsstationen, die im Zuge der Entwicklung nur z. T. kurze Zeit bestanden, ineinander übergingen, verlegt oder aufgelöst wurden. Mitte 1957 existierten im ehemaligen Land Brandenburg 9 Haupt- u. Nebenstationen.

Leider ist der Besamungsbereich einer Station in Brandenburg niemals genau begrenzt gewesen, so daß es nicht möglich war, die Erstbesamungszahl der betreffenden Besamungsstation zur Kuhzahl eines genau begrenzten Gebietes in Beziehung zu setzen, um daraus die Besamungsquote für jedes Stationsgebiet berechnen zu können. Erschwert wurde dies durch die dauernde Verlegung, Auflösung und Neugründung von Stationen.

Es schien deshalb angebracht — auch im Hinblick auf eine Vereinfachung der Zuchtplanung — größere Bezirke zu bilden, bei denen eine ungefähre Abgrenzung der Einflußbereiche innerhalb der KB möglich war, wenn sich auch die Grenzen der Bereiche nicht genau abstecken lassen.

Die Gesamtzahl der Erstbesamungen von 1950 bis 1954 wurde in Beziehung gesetzt zur Gesamtzahl der deckfähigen Rinder und Färsen auf Grund der Viehzählungsergebnisse der gleichen Jahre. Da erst seit der Verwaltungsreform im Jahre 1952 Viehzählungsergebnisse für die neugebildeten Bezirke existieren, mußten für die Jahre vorher die Zahlen des Rinderbestandes aus den Viehzählungsergebnissen der Kreise errechnet werden. Aus dem Verhältnis der Erstbesamungen pro Jahr zur Zahl der deckfähigen Rinder und Färsen pro Jahr ergibt sich die Besamungsquote, d. h. der prozentuale Anteil der KB am Gesamtrinderbestand. In den folgenden Blutlinientafeln ist hinter jedem Stamm neben der Zahl der Erstbesamungen in Klammern die Zahl der Besamungsbullen angegeben, von denen die Erstbesamungen stammen.

1. Besamungsbezirk Wittenberge

Besamungsstationen:

Wittenberge, gegründet Juni 1950, später Nebenstelle von Schwerin.

Einflußbereich:

Vorwiegend das Gebiet der ehemaligen Westprignitz (Kreise Ludwigslust und Perleberg)

Besamungsquote: 27,0%

Blutlinienverteilung:

Juwel OSt (II) 25486-Linie

Graf Kobold OSt 32370-Stamm	(2)	159 =	0,4%

Almerich OSt (II) 45100-Linie			
Amtmann 2/1326-Stamm	(1) 670		
Alfons OSt (II) 50100-Stamm	(3) 988		
Allex OSt (I) 51550-Stamm	(1) 1423 =	(5) 3381 =	8,0%
Junior OSt 19300-Linie			
Der Jude OSt 27895-Stamm		(4) 6072 =	14,4%
Adema FRS (I) 22231-Linie			
Bontjes Adema FRS (II) 24675-Stamm		(10) 27916 =	66,3%
Sonstige FRS-ASL-Linien		(5) 4600 =	10,9%
		Sa. (26) 42128 =	100%

2. Besamungsbezirk Potsdam

Besamungsstationen:

Lehnin, Krs. Brandenburg, gegründet 1950, ab November 1954 nach Brandenburg verlegt,

Rangsdorf, Kreis Zossen, gegründet Juli 1950, ab März 1953 Stützpunkt von Wittmannsdorf,

Reinsdorf, Kreis Jüterbog, gegründet September 1950, 1954 aufgelöst,

Neuruppin, Kreis Neuruppin, gegründet November 1950, später Neustadt/Dosse,

Brandenburg, Kreis Brandenburg, gegründet November 1954.

Einflußbereich:

Vorwiegend das Gebiet des Bezirkes Potsdam.

Besamungsquote: 9,5%

Blutlinienverteilung:

General OSt (II) 20509-Linie			
Gessler OSt 26940-Stamm		(2) 1592 =	2,0%
Juwel OSt (II) 25486-Linie			
Tom OSt (II) 37286-Stamm	(1) 10		
Graf Kobold OSt 32370-Stamm	(2) 7471		
Quapp OSt 29757-Stamm	(1) 564 =	(5) 8065 =	10,4%
Almerich OSt (II) 45100-Linie			
Amtmann 2/1326-Stamm	(1) 510		
Alfons OSt (II) 50100-Stamm	(3) 2222		
Allex OSt (I) 51550-Stamm	(1) 78		
Artur OSt 54800-Stamm	(2) 486		
Astrologe OSt 55250-Stamm	(1) 4548 =	(8) 7844 =	10,1%
Junior OSt 19300-Linie			
Allex OSt (II) 24495-Stamm	(3) 4769		
Junior OSt (II) 26947-Stamm	(3) 756		
Der Jude OSt 27875-Stamm	(6) 8863 =	(12) 14378 =	18,5%

Berthold OSt 23174-Linie		
Bernhard OSt (II) 29922-Stamm	(3) 2276	
Bertholds Nachfolger OSt 33004-Stamm	(2) 478	
Jelto OSt 33717-Stamm	(1) 1395 =	(6) 4149 = 5,3%
Prior OSt (I) 21809-Linie		
Primus OSt (II) 26945-Stamm		(3) 7384 = 9,5%
Adema FRS (I) 22231-Linie		
Bontjes Adema FRS (II) 24674-Stamm	(8) 14147	
Bernard FRS 27067-Stamm	(1) 2370	
Sil FRS 27987-Stamm	(2) 694 =	(10) 17211 = 22,1%
Sonstige FRS-ASL-Linien		(6) 12826 = 16,5%
JH-Linien		(1) 1453 = 1,9%
OH-Linien		(2) 1919 = 2,5%
OPH-Linien		(1) 1005 = 1,3%
		Sa. (56) 77826 = 100%

3. Besamungsbezirk Cottbus

Besamungsstationen:

Reichenbach, Kreis Guben, gegründet Oktober 1949, ab November 1950 Stützpunkt von Peitz, ab August 1951 Stützpunkt von Hähnchen,

Alt-Döbern, Kreis Calau, gegründet Dezember 1949, Februar 1955 aufgelöst,

Hähnchen, Kreis Cottbus, gegründet Juli 1949, Mai 1952 nach Cottbus verlegt,

Peitz, Kreis Cottbus, gegründet August 1949, ab August 1951 Stützpunkt von Hähnchen,

Wittmannsdorf, Kreis Finsterwalde, gegründet Juli 1950,

Cottbus-Schmellwitz, gegründet Mai 1952.

Einflußbereich:

Vorwiegend das Gebiet des Bezirkes Cottbus ohne die Teile der ehemaligen Länder Sachsen und Sachsen-Anhalt.

Besamungsquote: 36,9%

Blutlinienverteilung:

General OSt (II) 20509-Linie		
Gessler OSt 26940-Stamm		(3) 5697 = 4,1%
Juwel OSt (II) 25486-Linie		
Tom OSt (II) 37286-Stamm	(1) 1812	
Graf Kobold OSt 32370-Stamm	(10) 14621	
Quapp OSt 29757-Stamm	(1) 2631 =	(12) 19064 = 13,9%
Almerich OSt (II) 45100-Linie		
Amtmann 2/1326-Stamm	(1) 1627	
Alfons OSt (II) 50100-Stamm	(4) 6276	
Altgold OSt 50200-Stamm	(1) 2148	
Allex OSt (I) 51550-Stamm	(5) 10465	
Artur OSt 54800-Stamm	(1) 38	
Alwin OSt 54967-Stamm	(1) 933 =	(13) 21447 = 15,6%

Junior OSt 19300-Linie		
Allex OSt (II) 24495-Stamm	(2) 2770	
Junior OSt (II) 26947-Stamm	(3) 10979	
Der Jude OSt 27895-Stamm	(8) 14494 =	(13) 28243 = 20,6%
Berthold OSt 23174-Linie		
Mangold OSt 25753-Stamm	(1) 227	
Bernhard OSt (II) 29922-Stamm	(8) 21092	
Jelto OSt 33717-Stamm	(1) 324 =	(10) 21643 = 15,8%
Adema FRS (I) 22231-Linie		
Bontjes Adema FRS (II) 24674-Stamm	(6) 17848	
Adema FRS 25437-Stamm	(1) 2004	
Sil FRS 27987-Stamm	(1) 3142 =	(8) 22994 = 16,7%
Sonstige FRS-ASL-Linien		(5) 6051 = 4,4%
OH-Linien		(2) 9736 = 7,1%
OPH-Linien		(1) 2416 = 1,8%
	Sa.	(67) 137291 = 100 %

4. Besamungsbezirk Frankfurt/Oder

Besamungsstationen:

Bad Freienwalde, Kreis Bad Freienwalde, gegründet 1948, ab August 1951 nach Schönow,

Finow, Kreis Eberswalde, gegründet Juni 1949, ab Mai 1950 Stützpunkt von Freienwalde,

Oranienburg-Luisenhof, Kreis Oranienburg, gegründet Juni 1949, ab August 1951 Stützpunkt von Schönow,

Winkel, Kreis Beeskow, gegründet Juli 1949, ab April 1951 nach Beeskow,

Neuenhagen, Kreis Strausberg, gegründet Oktober 1949, ab August 1951 Stützpunkt von Schönow,

Angermünde, Kreis Angermünde, gegründet Juli 1950, ab Februar 1952 Stützpunkt von Schönow,

Müncheberg, Kreis Strausberg, gegründet August 1950, ab Januar 1954 Stützpunkt von Schönow,

Beeskow, Kreis Beeskow, gegründet April 1951,

Schönow, Kreis Bernau, gegründet August 1951.

Einflußbereich:

Vorwiegend das Gebiet des Bezirkes Frankfurt/O. einschließlich des Demokratischen Berlin.

Besamungsquote: 35,8%

Blutlinienverteilung:

General OSt (II) 20509-Linie		
Gessler OSt 26940-Stamm		(4) 6394 = 4,3%
Juwel OSt (II) 25486-Linie		
Alges Ast OSt 38438-Stamm	(1) 987	
Tom OSt (II) 37286-Stamm	(1) 202	
Graf Kobold OSt 32370-Stamm	(3) 2522 =	5) 3711 = 2,5%

Almerich OSt (II) 45100-Linie			
Amtmann 2/1326-Stamm	(1) 17		
Alfons OSt (II) 50100-Stamm	(3) 9422		
Allex OSt (I) 51550-Stamm	(8) 14958		
Ansbach OSt 51600-Stamm	(1) 1086		
Artur OSt 54800-Stamm	(1) 3628		
Astrologe OSt 55250-Stamm	(1) 6	= (15) 29117	= 19,6%
Junior OSt 19300-Linie			
Allex OSt (II) 24495-Stamm	(6) 11258		
Junior OSt (II) 26947-Stamm	(5) 10040		
Der Jude OSt 27895-Stamm	(10) 19923	= (21) 41221	= 27,7%
Berthold OSt 23174-Linie			
Bernhard OSt (II) 29922-Stamm		(6) 6746	= 4,5 %
Prior OSt (I) 21809-Linie			
Primus OSt (II) 26945-Stamm		(1) 131	= 0,08%
Adema FRS (I) 22231-Linie			
Bontjes Adema FRS (II) 24674-Stamm	(10) 21007		
Adema FRS 25437-Stamm	(1) 40		
Eduard FRS 26752-Stamm	(1) 389		
Sil FRS 27987-Stamm	(1) 934	= (13) 22370	= 15,0%
Sonstige FRS-ASL-Linien		(8) 26029	= 17,5%
OH-Linien		(6) 12993	= 8,7%
		Sa. (79) 148712	= 100 %

5. Besamungsbezirk Templin-Prenzlau

Besamungsstationen:

Templin, Kreis Templin, gegründet März 1950, später Nebenstelle von Neubrandenburg,

Prenzlau, Kreis Prenzlau, gegründet Dezember 1949, aufgelöst 1955.

Einflußbereich:

Vorwiegend das Gebiet der ehemaligen Kreise Templin und Prenzlau und der Nachbarkreise.

Besamungsquote: 38,0%

Blutlinienverteilung:

General OSt (II) 20509-Linie			
Gessler OSt 26940-Stamm		(2) 10605	= 15,6%
Juwel OSt (II) 25486-Linie			
Graf Kobold OSt 32370-Stamm		(2) 177	= 0,3%
Almerich OSt (II) 45100-Linie			
Anker OSt 49063-Stamm	(1) 551		
Allex OSt (I) 51550-Stamm	(3) 441		
Ansbach OSt 51600-Stamm	(1) 404		
Artur OSt 54800-Stamm	(1) 25	= (6) 1421	= 2,1%

Junior OSt 19300-Linie		
Allex (II) OSt 24495-Stamm	(1) 1947	
Junior OSt (II) 26947-Stamm	(2) 6983	
Der Jude OSt 27895-Stamm	(6) 26193 =	(9) 35123 = 51,8%
Berthold OSt 23174-Linie		
Bernhard OSt (II) 29922-Stamm	(5) 6888	
Jelto OSt 33717-Stamm	(1) 50 =	(10) 6938 = 10,2%
Adema FRS (I) 22231-Linie		
Bontjes Adema FRS (II) 24674-Stamm	(5) 11234	
Thomas FRS 27787-Stamm	(2) 2030 =	(7) 13264 = 19,6 %
Sonstige FRS-ASL-Linien		(1) 20 = 0,02%
OH-Linien		(1) 230 = 0,3 %
	Sa.	(38) 67778 = 100%

b) Vergleich der Besamungsbezirke untereinander

Im Gegensatz zum Blutaufbau der Bullen für den natürlichen Deckakt in den Kreisen ist der Blutaufbau in den Besamungsbezirken nicht so ausgeglichen. Auffallend ist das Vorherrschen der holländisch-schwedischen Linien (einschließlich Adema), die in 4 Bezirken prozentual die meisten Erstbesamungen aufzuweisen haben, in Wittenberge allein 77,2%. An zweiter Stelle liegt in 4 Bezirken die Junior-Linie, vor allem durch Astor-Nachkommen, im Bezirk Templin-Prenzlau steht sie mit 51,8% an der Spitze. Die Verteilung der übrigen Linien ist unterschiedlich.

Die errechneten Besamungsquoten dürften in einigen Bezirken nicht ganz den tatsächlichen Verhältnissen entsprechen. Das hängt mit der infolge der Verwaltungsreform nicht genau zu ermittelnden Kuhzahl zusammen. Außerdem werden in der Zahl der Erstbesamungen eines Bezirks diejenigen Besamungen mitgezählt, welche auf Kühe außerhalb der Bezirksgrenzen entfallen, die nie genau respektiert worden sind.

Im allgemeinen dürfte sich die Besamungsquote im Durchschnitt der Jahre von 1950—54 um 30% herum bewegen, mit der Tendenz, im Bezirk Potsdam etwas niedriger, in der Uckermark und im Gebiet Templin-Prenzlau etwas höher zu liegen.

c) Blutaufbau und Einfluß der künstlichen Besamung im Landesmaßstab

Die Zusammenfassung der Erstbesamungen je Blutlinie und Stamm in den Besamungsbezirken ergibt folgende Blutlinienverteilung der KB im gesamten Zuchtgebiet: (in Klammern ist die Zahl der Besamungsbullen angegeben, von denen die Erstbesamungen stammen)

General OSt (II) 20509-Linie			
Gessler OSt 26940-Stamm		(10) 24288 =	5,1%
Juwel OSt (II) 25486-Linie			
Alges Ast OSt 38438-Stamm	(1) 987		
Tom OSt (II) 37286-Stamm	(2) 2024		
Graf Kobold OSt 32370-Stamm	(15) 24950		
Quapp OSt 29757-Stamm	(2) 3195 =	(20) 31156 =	6,6%
Almerich OSt (II) 45100-Linie			
Amtmann 2/1326-Stamm	(2) 2824		
Anker OSt 49063-Stamm	(1) 551		
Alfons OSt (II) 50100-Stamm	(9) 18908		
Altgold OSt 50200-Stamm	(1) 2148		
Allex OSt (I) 51550-Stamm	(17) 27325		
Ansbach OSt 51600-Stamm	(1) 1490		
Artur OSt 54800-Stamm	(2) 4177		
Alwin OSt 54967-Stamm	(3) 933		
Astrologe OSt 55250-Stamm	(1) 4554 =	(37) 62910 =	13,3%
Junior OSt 19300-Linie			
Allex OSt (II) 24495-Stamm	(9) 20744		
Junior OSt (II) 26947-Stamm	(8) 28758		
Der Jude OSt 27895-Stamm	(31) 75545 =	(48) 125047 =	26,4%
Berthold OSt 23174-Linie			
Mangold OSt 25753-Stamm	(1) 227		
Bernhard OSt (II) 29922-Stamm	(20) 37002		
Bertholds Nachfolger OSt 33004-Stamm	(2) 478		
Jelto OSt 33717-Stamm	(4) 1769 =	(27) 39476 =	8,3%
Prior OSt (I) 21809-Linie			
Primus OSt (II) 26945-Stamm	(4)	7515 =	1,6%
Adema FRS (I) 22231-Linie			
Bontjes Adema FRS (II) 24674-Stamm	(27) 92152		
Adema FRS 25437-Stamm	(2) 2044		
Eduard FRS 26752-Stamm	(1) 389		
Bernard FRS 27067-Stamm	(1) 2370		
Thomas FRS 27787-Stamm	(2) 2030		
Sil FRS 27987-Stamm	(2) 4770 =	(35) 103755 =	21,9%
Sonstige FRS-ASL-Linien		(23) 49526 =	10,5%
JH-Linien		(1) 1453 =	0,3%
OH-Linien		(7) 24878 =	5,2%
OPH-Linien		(2) 3421 =	0,2%
		Sa. 473425 =	100%

Aus dieser Aufstellung ist zu entnehmen, daß in der KB die FRS-ASL-Linien (einschl. Adema-Nachkommen) mit 32,4% einen Anteil aufweisen, wie er von allen anderen Linien auch in der natürlichen Vatertierhaltung in Brandenburg

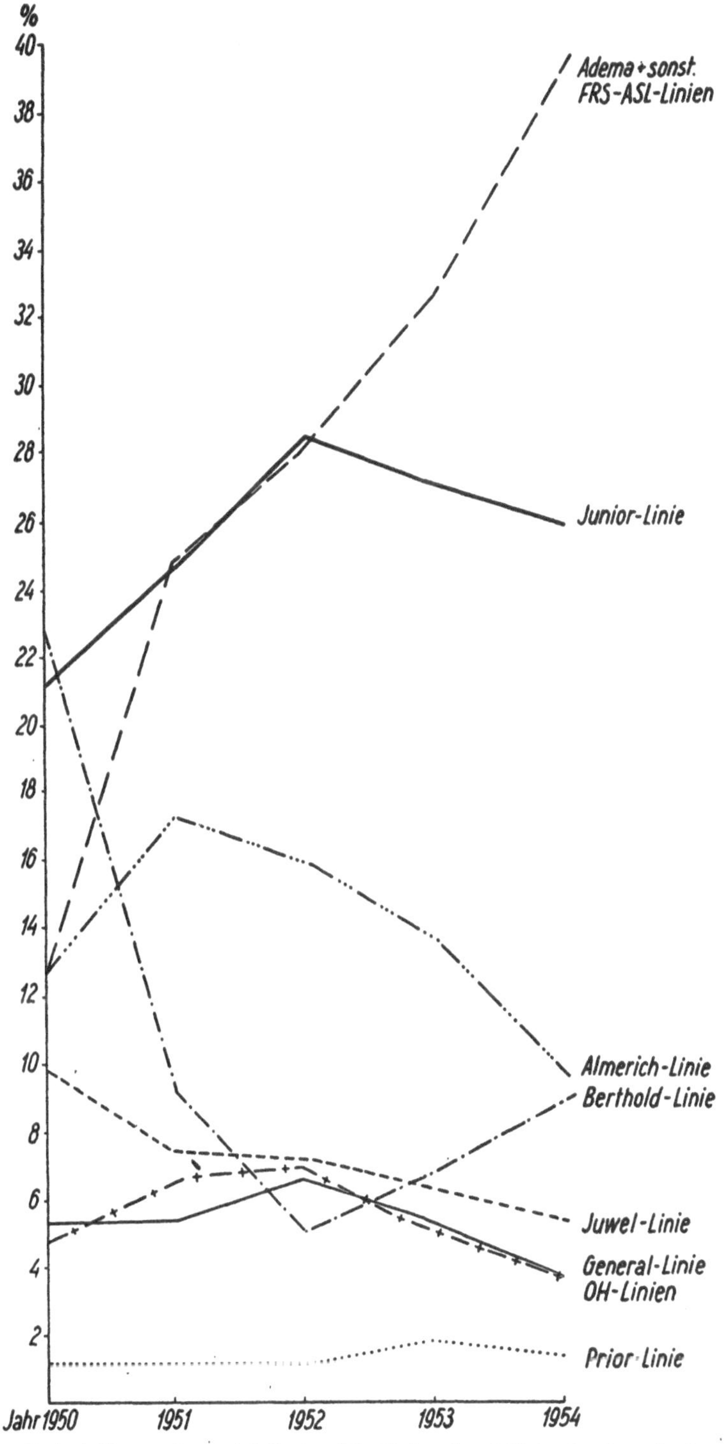

Abb. 2: Entwicklung der wichtigsten Blutlinien der KB in der brandenburgischen Schwarzbuntzucht von 1950—1954

nicht zu verzeichnen ist. Bedeutungsvoll sind noch die Junior-Linie mit 26,4% und die Almerich-Linie mit 13,3%, während die Berthold-Linie mit 8,3% bereits erheblich zurückliegt, alle anderen Linien sind noch schwächer vertreten.

Die Entwicklung der Blutlinien in der KB wird in der Abb. 2 und in der Tabelle 6 veranschaulicht. Sie steht unter dem Eindruck des gewaltigen Ansteigens der holländisch-schwedischen Linien, was um so stärker zutage tritt, weil es auf Kosten aller anderen Linien geschieht und seit 1950 unvermindert anhält.

Die Ausbreitung der KB in den letzten 5 Jahren auf Grund der Erstbesamungen im Verhältnis zur Zahl der deckfähigen Rinder und Färsen ergibt folgendes Bild:

TABELLE 7

Besamungsquoten von 1950—1954

	1950	1951	1952	1953	1954	Insges.
Erstbesamungen	17899	65876	91827	123175	174648	473425
Deckfäh. Rinder und Färsen	328306	373223	409916	421017	419666	1949128
Besamungsquote	5,5%	17,6%	22,4%	29,3%	41,6%	⌀ 24,2%

Auf Grund der uns vorliegenden Informationen hat der Anteil der KB im Jahre 1956 in Brandenburg bereits 60% überschritten und damit ein Ausmaß erreicht, das unter deutschen, ja selbst unter europäischen Verhältnissen nicht allzu häufig ist.

Die durchschnittliche Besamungsquote für 5 Jahre von 24,2% dürfte noch etwas höher liegen, etwa bei 30%, da die Erstbesamungen der Jahre 1948 und 1949 infolge fehlender Unterlagen unberücksichtigt bleiben mußten. Zur Berechnung des Einflusses der KB auf den gegenwärtigen Blutlinienbestand im Lande muß außerdem den Besamungsquoten der letzten Jahre eine größere Bedeutung zugesprochen werden.

Um den Einfluß der KB auf die Blutlinienverteilung der für den natürlichen Deckakt verwendeten Bullen zu berechnen, kann man sich unter Berücksichtigung des prozentualen Anteils der einzelnen Blutlinien innerhalb der KB und innerhalb der natürlichen Samenübertragung und unter Zugrundelegung der Besamungsquote (in diesem Falle 30%) folgender Formel bedienen:

$$\frac{\text{Bes.-Quote} \times \text{proz. Anteil d. betr. Linie d. KB} + (100 - \text{Bes.-Quote}) \times \text{proz. Anteil d. betr. Linie d. nat. Samenübertragung}}{100}$$

$$= \text{proz. Anteil d. Linie (unter Einbeziehung von KB und natürlicher Samenübertragung)}$$

Beispiel: Einfluß der KB auf die Berthold-Linie:

$$\frac{30 \times 8{,}3 + 70 \times 21{,}0}{100} = 17{,}2\%,$$

TABELLE 6

Entwicklung der wichtigsten Blutlinien der KB von 1950—1954

(siehe auch Abb. 2)

Blutlinien	Zahl d. Erstbes. pro Jahr, abs. u. in % d. Gesamtzahl d. Erstbesamungen pro Jahr										
	1950		1951		1952		1953		1954		Insgesamt
	abs.	%	abs.	%	abs.	%	abs.	%	abs.	%	
General	941	5,3	3568	5,4	6319	6,9	6629	5,4	6831	3,9	24288
Juwel	1775	9,9	4902	7,4	6565	7,1	8071	6,5	9843	5,6	31156
Almerich	2282	12,7	11420	17,3	14661	16,0	17088	13,9	17459	10,0	62910
Junior	3825	21,4	16279	24,7	26148	28,5	33315	27,0	45480	26,0	125047
Berthold	4073	22,8	6188	9,4	4667	5,1	8739	7,1	15809	9,1	39476
Prior	239	1,3	820	1,3	1014	1,1	2507	2,0	2935	1,7	7515
Adema	1374	7,7	11360	17,3	19185	20,9	28572	23,2	43264	24,8	103755
FRS-ASL	840	4,7	4912	7,5	6832	7,4	11769	9,6	25173	14,4	49526
Ad.+FRS-ASL	2214	12,4	16272	24,8	26017	28,3	40341	32,8	68437	39,2	153281
JH	563	3,1	890	1,4	—	—	—	—	—	—	1453
OH	882	4,9	4226	6,4	6436	7,0	6485	5,3	6849	3,9	24878
OPH	1105	6,2	1311	2,0	—	—	—	—	1005	0,6	3421
Sa.	17899		65876		91827		123175		174648		473425
% v. 473425		3,8		13,9		19,4		26,0		36,9	

d. h. durch die KB, die in der Berichtszeit durchschnittlich 30% der Kühe des Landes besamt hat, davon 8,3% mit Bullen der Berthold-Linie (diese Besamungen stammen von 27 Besamungsbullen), wird der Anteil der Berthold-Linie, der im natürlichen Deckakt 21,0% beträgt und durch 1480 Deckbullen repräsentiert wird, auf 17,2% gesenkt.

Der beträchtliche Einfluß, den die KB bereits auf den Blutaufbau eines Landes ausübt, wenn sie rd. 30% der Kühe besamt, wird in der nachfolgenden Tabelle dargestellt, in der die Verteilung der Blutlinien in der natürlichen Samenübertragung, in der KB und in beiden zusammen genommen unter Berücksichtigung des Einflusses der KB gegenübergestellt wird:

TABELLE 8

Einfluß der KB auf die Blutlinienverteilung

Blutlinien	Proz. Ant. d. Linien i. d. nat. Samenübertragung	Proz. Ant. d. Linien i. d. KB	Proz. Ant. d. Linien i. d. nat. Samenübertrag. u. KB zus.	Zahl der Besamungsbullen
General	3,3	5,1	3,8	10
Juwel	16,9	6,6	13,8	20
Almerich	20,1	13,3	18,8	37
Junior	17,9	26,4	20,5	48
Berthold	21,0	8,3	17,2	27
Prior	2,6	1,6	2,3	4
Adema	10,3	21,9	13,8	35
FRS-ASL	2,0	10,5	4,6	23
Ad.+FRS-ASL	12,3	32,4	18,4	58
JH	1,6	0,3	1,2	1
OH	1,8	5,2	2,8	8
OPH	1,0	0,2	0,7	2

Nach den gleichen Grundsätzen verschiebt sich durch den Einfluß der KB die Blutlinienverteilung in den Kreisen.

Inwieweit jedoch die genetische Zusammensetzung einer Population durch die Anwendung einer bestimmten Zuchtmethode, in diesem Falle mit Hilfe der KB, in der Generationsfolge verändert wird, läßt sich allein durch die Analyse der Entwicklung der Blutlinienzugehörigkeit nicht näher bestimmen.

Die Frage des Einflusses der KB auf die Inzucht- und Verwandtschaftsverhältnisse und damit auf den Anteil der Homo- und Heterozygotie innerhalb einer Zucht soll deshalb unter Anwendung populationsgenetischer Forschungsmethoden im folgenden Kapitel behandelt werden.

IV. Die Analyse der Inzucht- und Verwandtschaftsverhältnisse in der brandenburgischen Rinderzucht und deren Beeinflussung durch die künstliche Besamung.

a) Die Inzuchtverhältnisse

Die moderne Tierzuchtwissenschaft bezeichnet mit Inzucht die Paarung von Tieren, die enger verwandt sind als im Durchschnitt sämtliche Tiere der betreffenden Population, gewöhnlich also der betreffenden Rasse. Die Primärwirkung der Inzucht besteht in der Erhöhung der Wahrscheinlichkeit, die gleichen Gene vom Vater und von der Mutter zu erhalten. Sie führt deshalb zu einer Vermehrung der Homozygotie und zu einer Verminderung der Heterozygotie, deren Ausmaß von der mehr oder weniger großen Übereinstimmung im Genbestand der zu paarenden Tiere abhängt, also von ihrem Verwandtschaftsgrad.

Die Messung der Inzucht, die uns anzeigen soll, eine wie starke Abnahme von Heterozygotie durch die besondere Inzuchtart zu erwarten ist, stützt sich deshalb auf die Beurteilung des Verwandtschaftsgrades der Eltern und ist einfach die Schätzung des heterozygoten Anteils, der durch die Inzucht verlorenging. Als bestes Maß für die Größe der Inzucht hat sich der von S. WRIGHT vorgeschlagene sog. Inzuchtkoeffizient erwiesen, der heute fast ausschließlich verwendet wird. Die Formel lautet folgendermaßen:

$$F_x = \sum \left[\left(\frac{1}{2} \right)^{n + n_1 + 1} . (1 + F_A.\right].$$

Dabei bedeuten:

F_x = Inzuchtkoeffizient des Tieres x.

$\sum$ = Summationszeichen für den Fall mehrfacher Inzucht auf den gleichen oder mehrere gemeinsame Ahnen. Jeder Verwandtschaftsweg (Ahnenkette) zwischen Vater und Mutter ist getrennt zu berechnen und dann zu addieren. Dabei ist darauf zu achten, daß ein Vorfahre in einer Ahnenkette nie mehr als einmal vorkommt, während er aber mehrmals als Bindeglied zwischen verschiedenen väterlichen und mütterlichen Ahnenketten auftreten kann.

n = Anzahl der Generationen (dazwischen liegende Spaltungen) väterlicherseits zwischen dem Tier x und dem gemeinsamen Ahnen.

n_1 = Anzahl der Generationen (dazwischen liegende Spaltungen) mütterlicherseits zwischen dem Tier x und dem gemeinsamen Ahnen.

F_A = Inzuchtkoeffizient eines selbst ingezüchteten gemeinsamen Ahnen A.

Der Faktor $(1 + F_A)$ schaltet den Einfluß aus, der durch einen gemeinsamen Vorfahren entsteht, der selbst ingezüchtet ist, so daß er wahrscheinlich für mehr Genpaare homozygot ist als ein Vorfahre aus Zufallspaarung.

Da der Inzuchtkoeffizient in Prozent ausgedrückt wird, ist der gewonnene Wert mit 100 zu multiplizieren.

Der Inzuchtkoeffizient stellt, wie bei Besprechung der Methodik näher erläutert, kein absolutes Maß dar, sondern bezieht sich auf die Heterozygotie in der Ausgangsgeneration, also gewöhnlich auf die Rasse zu dem Zeitpunkt, bis zu dem sich die Abstammung zurückverfolgen läßt. Es wird dann angenommen, daß diese Ausgangstiere eine Stichprobe der Rasse waren. Nach LUSH (16) gewinnt man wegen des immer geringer werdenden Einflusses eines weiter zurückliegenden Ahnen wenig durch die Erforschung sehr weit zurückliegender Verwandtschaft, er ist deshalb der Meinung, daß es für praktische Zwecke gewöhnlich genügt, die Inzucht der letzten 4—5 Generationen zu schätzen.

In vorliegenden Untersuchungen wurde die Inzucht für 200 Jungbullen der ZVA des Jahres 1956/57 unter Verwendung von Ahnentafeln bis zur 5. Vorfahrengeneration festgestellt. Für die 200 untersuchten Tiere als repräsentative Auswahl der Population des Jahrganges 1955/56 der brandenburgischen Rinderzucht ergeben sich folgende, in Tabelle 9 aufgeführten Werte.

TABELLE 9

Der mittlere Inzuchtkoeffizient des Jahrganges 1955/56 in der brandenburgischen Rinderzucht

n	F_x%	$s_{\bar{x}}$	s	V	t	p%
200	0,5442	±0,1389	±1,9650	361,0804	3,92	<0,10

Der mittlere Inzuchtkoeffizient beträgt 0,5442% ± 0,1389. Genetisch bedeutet das, daß die Heterozygotie in den letzten 5 Generationen, also im Verlauf von etwa 25 Jahren um 0,54% abgenommen hat. Die Inzucht hat also zur Vereinheitlichung des Erbanlagenbestandes in der brandenburgischen Rinderzucht recht wenig beigetragen. Diese Ergebnisse decken sich fast genau mit den von KUTSAL am schweizerischen Braunvieh ermittelten, der für die Population des Jahres 1950 einen mittleren Inzuchtkoeffizienten von 0,512% ± 0,050 feststellen konnte. Die Differenz des mittleren Fehlers zwischen den beiden Inzuchtkoeffizienten ist derart gering, daß sich ein p-Wert von 84,1% ergibt, also eine Bestätigung der Nullhypothese. Der Unterschied ist somit rein zufällig. Der Inzuchtgrad in der brandenburgischen Rinderzucht liegt danach gegenwärtig nicht höher als bei dem seit 600 Jahren in seinem Verbreitungsgebiet rein gezüchteten Schweizer Braunvieh, das bekanntlich über eine beachtliche Ausgeglichenheit verfügt.

Von den 200 untersuchten Tieren sind 161 = 80,5% überhaupt nicht ingezüchtet. Der höchste Inzuchtkoeffizient eines Tieres beträgt 15,28%. Die Verteilung der einzelnen Inzuchtkoeffizienten ist in Tabelle 10 veranschaulicht.

Die Inzucht wird im vorliegenden Material fast ausschließlich durch männliche Ahnen hervorgerufen. 0,5384% = 98,89% der Gesamtinzucht sind auf das gemeinsame Auftreten von männlichen Ahnen zurückzuführen und nur 0,0058% = 1,1% der Gesamtinzucht auf das gemeinsame Auftreten weiblicher Ahnen.

TABELLE 10

Verteilung der Inzuchtkoeffizienten der 200 untersuchten Tiere

Inzuchtkoeffizient in %	Bullenzahl
0	161
bis unter 1	19
1 „ „ 2	4
2 „ „ 3	—
3 „ „ 4	8
4 „ „ 5	2
5 „ „ 6	1
6 „ „ 7	1
7 „ „ 8	1
8 „ „ 9	—
9 „ „ 10	—
10 „ „ 11	—
11 „ „ 12	—
12 „ „ 13	2
13 „ „ 14	—
14 „ „ 15	—
15 „ „ 16	1

In Tabelle 11 sind diejenigen Bullen und Kühe einzeln aufgeführt, die am Zustandekommen der festgestellten Ahnenketten und Inzucht beteiligt sind. Bemerkenswert ist die geringe Anzahl der Ahnen, die für Inzucht überhaupt in Frage kommt. In den untersuchten Ahnentafeln sind $63 \times 200 = 12600$ verschiedene Vorfahren möglich, davon tragen nur 23 Bullen und 2 Kühe zur Inzucht bei, d. s. 0,2% der möglichen Tiere, von denen wiederum nur einige wenige Tiere eine Rolle spielen, während alle anderen nur durch geringe Inzuchtbeiträge den mittleren Inzuchtkoeffizienten beeinflussen.

Zu ähnlichen Ergebnissen kamen LAUPRECHT und DÖRING (14) bei der Untersuchung der 92 ostfriesischen Angeldbullen des Jahres 1952 bis zur 7. Generation. Von den dort möglichen 23092 Tieren wirkten nur 107 männliche und 46 weibliche Tiere, zusammen 153 = 0,7% der Gesamtzahl, an der Inzucht mit.

Die Verbindung zwischen der mütterlichen und väterlichen Seite der Ahnentafeln wird in meinem Material 59mal durch männliche und 4mal durch weibliche Tiere hergestellt. Die fünf wichtigsten Tiere nach der Zahl ihrer Ahnenketten sind Hannemann 1/785 (11), Abbo OSt 50500 (6), Modell 1/89 (4), Feko 1/934 (4) und Urian 1/473 (4); sie vereinigen auf sich 49% aller Ahnenketten. Die tatsächliche Bedeutung der einzelnen Ahnen am Zustandekommen der Inzucht wird jedoch nicht durch die Zahl ihrer Ahnenketten, sondern durch die Höhe ihrer Inzuchtbeiträge bestimmt, da weiter zurückliegende Ahnen eine größere Wahrscheinlichkeit haben, öfter als Verbindungsglieder aufzutreten.

Die 4 wichtigsten Tiere nach der Höhe des Inzuchtbeitrages (Hannemann 1/785, Anton 1/1274, Jago 4/54, Leopold 1/1722) vereinigen auf sich 79,4497% der möglichen Inzucht, d. s. 73% der Gesamtinzucht von 108,8442%.

TABELLE 11

Aufstellung der Ahnen, die zur Inzucht der 200 untersuchten Jungbullen des Jahrganges 1955/56 beigetragen haben

Name	Ahnenketten	Inz.-Beitrag %
Hannemann 1/785	11	31,2500
Anton 1/1274	3	22,1747
Jago 4/54	1	13,5250
Leopold 1/1722	1	12,5000
Saban 1/1154	1	3,2228
Quirinal 1/544	1	3,1250
Abbo OSt 50 500	6	3,1250
Kegel PS 17 400	1	3,1250
Feko OSt 39 262	4	2,3438
Der Friese OSt 58 000	2	2,3438
Modell 1/89	4	1,7578
Dokus 1/933	1	1,5625
Romulus 1/370	1	1,5625
Urian 1/473	4	1,3672
Feko 1/934	1	0,7813
Faust OSt 49 983	3	0,7812
Adema FRS 22 231	3	0,5859
Almerich 45 100	3	0,5859
Amandus PV 3678	3	0,5859
Grant OSt 40 500	2	0,3906
Gottfried OSt 43 750	1	0,3906
Baldur 1/199	1	0,3906
Maikönig OSt 45 000	1	0,1953
Vita OSt 276 675	2	0,7812
Hannchen 1/5793	2	0,3906
Sa.	63	108,8442

Anton, Jago und Leopold treten jeweils als doppelte Großeltern auf und erzeugen die höchste Inzucht in meinem Material durch nur e i n e Ahnenkette. In den Untersuchungen von LAUPRECHT und DÖRING war eine so enge Inzucht, wie sie diese Bullen liefern, nur einmal festzustellen. Im Gegensatz zum vorliegenden Material fanden LAUPRECHT und DÖRING jedoch einen mittleren Inzuchtkoeffizienten von 2,83%, d. h. einen 5mal größeren als er hier vorliegt. Ein Vergleich ist aber nicht ohne weiteres möglich, da für die ostfriesischen Bullen 7 Generationen zur Berechnung herangezogen wurden.

Der Vergleich der Inzuchtgrade von Untersuchungen, bei denen verschieden viele Generationen verwendet wurden, ist möglich durch Berechnung der durchschnittlichen Inzuchtrate je Generation. Zu diesem Zweck ist der Inzuchtkoeffizient durch die Anzahl der Ahnengenerationen zu dividieren, wobei die Zählung bei der Großelterngeneration beginnt, da frühestens durch diese Inzucht entstehen kann. In Tabelle 12 ist die Inzuchtrate meines Materials mit der von LAUPRECHT und KUTSAL verglichen worden:

TABELLE 12

Inzuchtraten beim ostfriesischen Niederungsrind, beim Schweizer Braunvieh und beim schwarzbunten Niederungsrind in Brandenburg

	Inz.-Koeff.	Gen.	Inz.-Rate
Ostfriesland	2,83%	6	0,47%
Schweizer Braunvieh	0,51%	4	0,13%
Brandenburg	0,54%	4	0,13%

Dabei ist zu berücksichtigen, daß es sich beim Material von LAUPRECHT um Angeldbullen und bei KUTSAL um eingetragene Herdbuchtiere handelt, während vorliegende Untersuchungen auf den Analysen von Jungbullen beruhen, wie sie auf jeder gewöhnlichen ZVA zu finden sind und wie sie auch für die breite Landeszucht Verwendung finden. Diese Jungbullen stammen z. T. aus sehr jungen Herdbuchzuchten, haben nicht immer eine vollständige Abstammung aufzuweisen und werden auch nicht alle ins Herdbuch aufgenommen werden.

Greift man von diesen Bullen diejenigen aus den älteren, bekannteren Zuchten heraus, die auch auf Grund ihrer vollständigen Abstammung und sonstigen Eigenschaften wieder in Herdbuchzuchten verwendet werden dürften, so ergibt sich für diese 58 Tiere ein Inzuchtkoeffizient von 1,42% ± 0,3973. Er ist etwa 3mal so groß wie der von KUTSAL gefundene, die Differenz ist signifikant. Dieser Inzuchtgrad, der speziell die Verhältnisse in der brandenburgischen Herdbuchzucht widerspiegeln dürfte, übersteigt den für die Gesamtpopulation gefundenen Wert von 0,54% ebenfalls um das dreifache, während der Inzuchtgrad der restlichen 142 Tiere, die als Repräsentanten der breiten Landeszucht gelten können, mit 0,1590% weniger als $^1/_3$ des Wertes der Gesamtpopulation für die Herdbuch- und Landeszucht zusammen beträgt.

Will man näheren Aufschluß über die Art der vorkommenden Inzucht erhalten, so empfiehlt es sich, die Inzuchtbeiträge nach den Ahnengenerationen, durch die sie entstanden sind, aufzuschlüsseln. In Tabelle 13 sind die dadurch entstehenden Inzuchtraten für die Gesamtheit der 200 untersuchten Bullen und für die 58 Repräsentanten der alten Herdbuchzuchten errechnet und den von LAUPRECHT und DÖRING gefundenen Werten gegenübergestellt worden.

LAUPRECHT und DÖRING glauben, den in ihrem Material auffällig niedrigen Anteil der Inzucht an der Großelterngeneration und den hohen Anteil

TABELLE 13

Inzuchtraten je Tier in Prozent,

geordnet nach Generationen, in denen die Inzucht entstanden ist, verglichen zwischen der untersuchten Gesamtpopulation, der brandenburgischen Herdbuchzucht und den Untersuchungen von LAUPRECHT in Ostfriesland

	n	1. (Groß-eltern)	2. (Urgroß-eltern)	3. (Urur-großelt.)	4.	5.	6.	Ø
HB- u. Ldz.(Brdbg.)	200	0,19	0,21	0;09	0,03	—	—	0,13
HB-Zucht (Brdbg.)	58	0,44	0,59	0,28	0,09	—	—	0,35
LAUPRECHT(OSt)	92	0,14	0,68	0,67	0,58	0,44	0,33	0,47

an der Ur- und Urgroßelterngeneration dahin deuten zu dürfen, daß offenbar diese Unterschiede nicht zufällig entstanden sind, sondern auf der in Ostfriesland und anderen Zuchtgebieten geübten Zuchtmethode beruhen, einerseits enge Inzucht zu vermeiden, andererseits aber berühmte Tiere in den späteren Ahnengenerationen möglichst stark zur Zucht auszunützen.

Für Brandenburg läßt sich dieser Schluß nicht ziehen. Im Gegenteil, sowohl beim Gesamtmaterial als auch bei den Bullen der älteren Herdbuchzuchten ist die Inzuchtrate in der Großelterngeneration relativ recht hoch und bereits in der Urgroßelterngeneration fällt sie außerordentlich stark ab, was in folgender Tabelle, in der die vorliegenden Zahlen auf die durchschnittliche Inzuchtrate, die gleich 100 gesetzt ist, bezogen wurden, besonders klar zu Tage tritt. Das läßt auf eine weniger vorsichtige Verwendung der Inzucht

TABELLE 14

Inzuchtraten je Tier in Relativwerten

bezogen auf die durchschnittliche Inzuchtrate (= 100)

	1.	2.	3.	4.	5.	6.	Ø
HB- u. Ldz. (Brdbg.)	142	161	67	29	—	—	100
HB-Zucht (Brdbg.)	126	167	78	26	—	—	100
LAUPRECHT (OSt)	30	145	143	123	93	70	100

als Zuchtmethode in Brandenburg schließen. Diese Ansicht wird erhärtet, durch die Ergebnisse, welche die Untersuchung der Populationen der Jahre 1952 und 1949 lieferte, die als Vergleichspopulationen zur Berechnung des Einflusses der KB herangezogen wurden, worüber im nächsten Abschnitt berichtet wird. In diesen Populationen zeigt sich selbst bei Berücksichtigung von insgesamt nur 3 Ahnengenerationen ein relativ sehr hoher Anteil engster Inzuchtpaarungen zwischen Vater-Tochter (25,0%), Mutter-Sohn (25,0%) und Großeltern (12,5%).

Um sich einen anschaulichen Begriff von der Art der im vorliegenden Material vorhandenen Inzucht machen zu können, läßt sich die gefundene Inzuchtrate mit der einer geschlossenen Herde vergleichen, die von einer Zufuhr fremden Zuchtmaterials abgeschlossen ist. In seiner solchen isolierten Population, etwa einem geschlossenen Herdbuch, wird nach Untersuchungen von WRIGHT etwa $\frac{1}{8 \cdot M} + \frac{1}{8 \cdot F}$ der Heterozygotie pro Generation verlorengehen, d. h. $\frac{1}{8 \cdot M} + \frac{1}{8 \cdot F}$ = Inzuchtrate, wobei M = Anzahl der männl. und F = Anzahl der weibl. Tiere ist.

Wenn man wissen will, wie groß eine Herde im Mittel je Generation sein muß, damit bei Zufallspaarung und gleichmäßiger Benutzung aller Zuchttiere gerade die hier gefundene Inzuchtrate erzielt wird, sind die Werte für die männliche und weibliche Inzuchtrate in die folgenden Gleichungen einzusetzen und diese aufzulösen:

$$\frac{1}{8 \cdot M} = 0{,}001\,346; \quad \frac{1}{8 \cdot F} = 0{,}000015.$$

Wir erhalten dann für $M = 93$ Bullen und für $F = 8333$ Kühe. In einer derartigen isolierten Population würde dann bei Zufallspaarung die für die vorliegende Untersuchung gefundene Inzuchtrate von 0,0013% erzeugt werden. Die Inzuchtrate der 58 Bullen der älteren Herdbuchzuchten mit einem männlichen Inzuchtbeitrag von 0,3525% und einem weiblichen von 0,0017% ergibt sich in einer isolierten Population von 36 Bullen und 7352 Kühen. Die gegenüber der Bullenzahl bedeutend höhere Kuhzahl ist hier erforderlich, weil die weibliche Inzuchtleistung im vorliegenden Material so außerordentlich gering ist.

Neben dem durchschnittlichen Inzuchtgrad der brandenburgischen Rinderzucht interessiert auch vor allem die Frage, wie stark die Inzucht am Blutaufbau derjenigen Bullen beteiligt ist, die auf Grund ihrer Zuchtbenutzung in den letzten Jahren den stärksten Einfluß auf die HB- und Landeszucht genommen haben.

An Hand der für die Blutlinienanalyse notwendigen Untersuchung jedes Vatertieres, das nach dem Jahre 1945 Söhne für die Zucht geliefert hat, war es möglich, eine quantitative Vererbungsrangliste der bedeutendsten Stammbullen aufzustellen. Es handelt sich im einzelnen um 28 Tiere, die seit 1948 mindestens 40 und mehr Söhne für die Zucht geliefert haben, insgesamt 2259 Söhne, d. h. 24,7% aller (einschl. der Importbullen) seit 1948 in die brandenburgische HB und Landeszucht gegangenen Bullen bzw. 29,3% aller aus den HB-Zuchten Brandenburgs für das brandenburgische Zuchtgebiet gelieferten Bullen.

In Tabelle 15 sind diese Bullen einzeln mit der Zahl ihrer Söhne und Blutlinienzugehörigkeit und mit den für sie berechneten Inzuchtkoeffizienten aufgeführt.

TABELLE 15

Quantitative Vererbungsrangliste

der brandenburgischen Rinderzucht für die Jahre 1948—1954

(Verzeichnis derjenigen Bullen, die in den Jahren 1948—1954 die meisten Söhne für die Zucht geliefert haben.)

Name	HB-Nr.	Geb.-J.	Blutl./ Stamm	Zahl d. Söhne	Inzucht-koeffiz. %	Bes.-Bul. + E. B.
Anton	1/1274	1946	III/16	253	1,3672	
Saturn	1/1325	1946	III/16	191	0,0	
Tjisko	2/2012	1945	IX/1	134	0,0	B 5862
Alex	1/1194	1945	II/2	128	0,0	
Freiherr	1/798	1940	II/3	125	0,0	B 291
Saban	1/1155	1944	IX/1	110	3,125	
Lux	1/1357	1946	V/3	109	0,1953	
Carol	2/1935	1946	VII/2	102	1,1719	
Jago	4/54	1946	IX/1	99	8,2031	B 4267
Benno	1/1157	1944	IV/2	81	0,0	
Herfried	1/1221	1944	V/3	76	6,6406	
Reichbach	1/1273	1946	IV/3.	70	1,1273	
Rast	1/1345	1947	I/3	62	0,0	
Louis	1/1572	1948	V/3	58	0,0	
Gote	1/1396	1947	III/10	55	0,0	
Marschall	2/2052	1946	X	55	1,5625	
Waldow	1/1504	1949	III/16	53	0,7813	B 3024
Auerhahn	1/1171	1944	II/3	50	0,0	
Eldo	10/105	1947	II/3	50	0,0	
Leo	1/1502	1949	III/16	48	0,0	
Adel	3/151	1949	IV/3	47	3,125	
Akrobat	1/1611	1950	VII/2	47	0,3906	
Titus	1/1666	1950	IX/1	46	0,9765	B 1069
Herbert	1/1174	1945	II/3	46	0,0	
Isedor	1/1456	1947	II/3	43	12,5	
Leopold	1/1722	1950	IX/1	41	0,0	
Altgold	2/1982	1947	IV/3	40	0,0	
Schildhorn	1/1154	1953	II/3	40	0,0	

(Für diejenigen Bullen, die ausschließlich oder nach ihrer Verwendung im natürlichen Deckakt als Besamungsbullen tätig waren, ist in der letzten Spalte dies durch ein „B“ angezeigt mit der Gesamtzahl der Erstbesamungen des betreffenden Bullen.)

Aus der Tabelle 16 ist zu entnehmen, daß der durchschnittliche Inzuchtkoeffizient der wichtigsten Stammbullen 1,38% ± 0,5069 beträgt und damit fast 3mal größer ist als der mittlere Inzuchtkoeffizient der Gesamtpopu-

TABELLE 16

Mittlerer Inzuchtkoeffizient der quantitativ bedeutendsten Vererber in der brandenburgischen Rinderzucht nach 1945

n	F_x%	$s_{\bar{x}}$	s	V	t	p %
28	1,3806	±0,5069	±2,73	197,7	2,72	1,0

lation. Der Unterschied ist nach der Differenz des mittleren Fehlers signifikant, wenn auch nur knapp gesichert ($p = 4,5\%$). Der Inzuchtkoeffizient liegt etwa in gleicher Höhe wie der mittlere Inzuchtkoeffizient der 58 Jungbullen des Jahrganges 1955/56 aus den älteren Herdbuchzuchten (1,42%), woraus hervorgeht, daß die wichtigsten Stammbullen nicht stärker ingezüchtet sind als die Gesamtheit dieser brandenburgischen Herdbuchbullen. Im Vergleich zu den von KUTSAL untersuchten Spitzentieren des schweizerischen Braunviehs, deren Inzuchtkoeffizient von 1,11% ebenfalls eine signifikante Differenz zum Mittel der Braunviehrasse (0,51%) aufweist, ergibt sich zu vorliegenden Untersuchungen kein allzu großer Unterschied, der auch nach der Differenz des mittleren Fehlers nicht gesichert ist, so daß die in beiden Untersuchungen gefundenen Werte sich entsprechen.

Zusammenfassend kann gesagt werden, daß der Inzuchtgrad in der brandenburgischen Rinderzucht, verglichen mit ähnlichen Untersuchungen anderer Autoren, als relativ niedrig anzusehen ist.

Es seien noch einige andere Arbeiten jüngeren Datums erwähnt, so die Untersuchungen von v. d. PLANK (22), der für die niederländische Schwarzbuntzucht feststellen konnte, daß in den letzten 50 Jahren die Heterozygotie kaum abgenommen hat. ROBERTSON u. a. ermittelten, daß der Inzuchtgrad des britischen Friesenrindes seit 1910 kaum 2% überschritten hat (24), während er bei den Bullen des roten dänischen Rindes seit 1911 11,2% (1,6% pro Generation) und bei den Kühen 4,7% betrug (25). Noch höhere Inzuchtkoeffizienten fand neuerdings DASSAT (2) bei einer abgeschiedenen Herde des braunen Alpenrindes in Crodo/Italien, bei der 40% der 1951 geborenen Kälber einen Inzuchtkoeffizienten von 25% gegenüber 4,3% von 1943 hatten. STONAKER ermittelte bei der Gietschen Herfordherde einen mittleren Inzuchtgrad von 30,7% (32).

b) Die Verwandtschaftsverhältnisse

Individuen, die in ihrer Ahnenreihe gemeinsame Vorfahren aufweisen oder — im einfachsten Falle — wenn sie aus der gleichen Paarung hervorgegangen sind, also Vollgeschwister, sind verwandt. Die Verwandtschaft zwischen zwei Individuen ist nach der Definition von LUSH (16) die einfache Wahrscheinlichkeit, daß sie in mehreren ihrer Gene ähnlicher sind als unverwandte Mitglieder der gleichen Population. Engere Verwandtschaft bedeutet nur höhere Wahrscheinlichkeit genetischer Ähnlichkeit. Die Eltern-Nachkommenverwandtschaft ist die einfachste und in dem Sinne grundlegend, daß alle anderen Verwandtschaften Kombinationen von Ketten von Eltern-Nachkommenverwandtschaften sind. In Populationen, in denen es keine Inzucht gibt, ist die Verwandtschaft der Eltern-Nachkommen, also der Vollgeschwister, 50% (nach der alten Methode der Rechnung mit Blutanteilen sollen es 100% sein), weil jeder Nachkomme die Hälfte seiner Gene von jedem Elter erhalten hat. Aus der Definition des Begriffes Verwandtschaft folgt, daß Verwandtschaftsgrad und Inzuchtgrad etwas Verschiedenes sind. Während der Inzuchtgrad die relative Zunahme der Homozygotie des Erbanlagenbestandes eines Individuums im Vergleich zu seiner Ahnengeneration angibt, mißt der Verwandtschaftsgrad die genetische Übereinstimmung zwischen zwei verwandten Tieren bzw. innerhalb einer Population.

Jede Generation, die in der Verwandtschaftslinie, durch die zwei Individuen miteinander verwandt sind, dazwischenkommt, halbiert den Anteil ihrer Gene — die wahrscheinlich genaue Duplikate sind — die sie von ihren gemeinsamen Vorfahren erhalten haben. Deshalb ergibt irgendeine Verwandtschaftslinie zwischen 2 Tieren einen Verwandtschaftsgrad von $\left(\frac{1}{2}\right)^n$, wobei n die Zahl der Generationen (Mendelspaltungen) zwischen den beiden Tieren in dieser Verwandtschaftslinie darstellt. Wenn 2 Tiere über mehr als eine Verwandtschaftslinie verwandt sind, muß jeder Anteil der Verwandtschaft getrennt berechnet werden. Dann werden die Anteile zur Gesamtverwandtschaft zusammengezählt.

Auf Grund dieser Überlegungen bedeutet also die Messung der Verwandtschaft die Berechnung der Wahrscheinlichkeit, daß die beiden verwandten Individuen duplikate Gene haben. Dabei ist zu unterscheiden zwischen direkter Verwandtschaft (Vorfahre-Nachkomme) und kollateraler Verwandtschaft (seitenverwandte Tiere). Beide Verwandtschaftsgrade können nach Formeln von S. WRIGHT berechnet werden.

Der direkte Verwandtschaftsgrad ist vor allem eine Funktion der Verbreitung eines Zuchttieres und der Zahl seiner in die Zucht gegangenen Nachkommen. Er gestattet z. B. die Berechnung des Einflusses von Stammbullen auf die Zucht. Da auf Grund der Analyse der Blutlinienzugehörigkeit und der Einzeluntersuchungen sämtlicher Vatertiere der brandenburgischen Zucht nach 1945 und ihrer Verbreitung über die Nachkommen diese Frage in vorliegenden Untersuchungen weitgehend geklärt ist, galt es vor allem, den kollateralen Verwandtschaftsgrad zu berücksichtigen. Seine Berechnung geschieht nach folgender Formel:

$$R_{xy} = \frac{\sum\left[\left(\frac{1}{2}\right)^{n+n_1} \cdot (1 + F_A)\right]}{\sqrt{(1 + F_x) \cdot (1 + F_y)}}$$

Dabei bedeuten:

R_{xy} = Verwandtschaftskoeffizient zwischen den Tieren x und y
n = Anzahl der Generationen zwischen x und dem gemeinsamen Ahnen
n_1 = Anzahl der Generationen zwischen y und dem gemeinsamen Ahnen
$\sum$ = Summationszeichen für den Fall mehrfacher Verwandtschaft zwischen x und y
F_A = Inzuchtkoeffizient eines gemeinsamen Ahnen A
F_x = Inzuchtkoeffizient des Tieres x
F_y = Inzuchtkoeffizient des Tieres y.

Der Ausdruck $(1 + F_A)$ korrigiert für den Fall, daß der gemeinsame Ahne A ingezüchtet und folglich für mehr Genpaare homozygot ist als ein nicht ingezüchteter.

Die Einheiten im Nenner sollen für die Tatsache korrigieren, daß Inzucht die Population variabler macht, wobei die Inzuchtlinien voneinander abzutreiben tendieren, wie es LUSH ausgedrückt hat (16). Wenn die zu vergleichenden Tiere ingezüchtet sind, so wird die durch die Verwandtschaft gegebene Wahrscheinlichkeit gleicher Gene geringer werden, da die Inzucht die Tendenz hat, den Anteil der Heterozygotie zu vermindern und die Population in Richtung auf die beiden homozygoten Extreme in jedem Paar abzulenken. In einer stark ingezüchteten Population haben nach LUSH zwei unverwandte Individuen (notwendigerweise von verschiedenen Inzuchtlinien, wenn sie unverwandt sind) eine beträchtlich größere Gelegenheit AA und aa zu sein, als wenn sie in einer nicht ingezüchteten Population wären, weil in der ingezüchteten Population mehr AA und aa und weniger Aa-Individuen vorkommen. Die Werte im Nenner der Formel verringern folglich die Verwandtschaft, wenn sich nicht in entsprechendem oder stärkerem Maße der Zähler ebenfalls vergrößert, was vorkommen kann und wird, wenn die beiden Tiere Glieder der gleichen Inzuchtlinie sind, aber nicht, wenn sie von einander abgesonderten Inzuchtlinien angehören. Bei den in der Tierzucht gewöhnlich vorliegenden Verhältnissen wird der Nenner der Verwandtschaftsformel kaum viel größer als 1 werden und seine Vernachlässigung würde zu keinem schweren Fehler führen. Er muß jedoch enthalten sein, wenn die Formel vollständig korrekt sein soll, weshalb auch in vorliegenden Untersuchungen die vollständige Formel der Verwandtschaft benutzt wurde.

Die Frage, welche Population als Grundlage oder Nullpunkt verwendet werden soll, hat auch für die Messung der Verwandtschaft eine gewisse Bedeutung. Je weiter man dabei zurückgeht, desto größer wird die Verwandtschaft werden, weil die Zahl der Individuen in zurückliegenden Jahrzehnten immer kleiner wird. Während für die Klärung von Entwicklungsfragen als Ausgangspopulation logischerweise die ganze Art oder eine noch größere Gruppe ähnlicher Individuen heranzuziehen ist, wäre es unzweckmäßig, für die in der tierzüchterischen Praxis vorliegenden Fälle so weit zurückzugehen, nicht nur wegen der nicht mehr einwandfrei festzustellenden, soweit zurückreichenden Abstammung, sondern auch weil sonst die Einflüsse von Selektion und Mutation, die bei der Berechnung der Verwandtschaft vernachlässigt werden, Bedeutung gewinnen können.

Nach LUSH ist deshalb die passendste Population zur Verwendung bei Tierzuchtproblemen mit bekannter Abstammung die Rasse zu einem Zeitpunkt von 4 bis 6 Generationen zurück. Wenn zwei Tiere in einem Ausmaß verwandt sind, das für praktische Zwecke Bedeutung hat, so kommt diese Verwandtschaft gewöhnlich von Vorfahren, die nicht mehr als 4—5 Generationen zurückliegen. Deshalb empfiehlt LUSH, selbst wenn Grund vorhanden wäre, die Verwandtschaft in bezug auf eine weiter zurückliegende Generation auszudrücken, die Abstammung 4—5 Generationen zurück zu verfolgen und dann anzunehmen, daß die Vorfahren zu dieser Zeit eine Stichprobe der Rasse waren.

Im vorliegenden Material wurden für die Berechnung der Verwandtschaft die bis zur 5. Generation ergänzten Ahnentafeln der 200 Jungbullen benutzt, die bereits zur Ermittlung der Inzuchtkoeffizienten herangezogen worden waren. Diese 200 Tiere ergaben 100 Paare, die rein zufallsmäßig zusammenzustellen waren. Das geschah, indem das Material gemischt und 8 Gruppen von je 25 Tieren gebildet wurden, die unter Benutzung der von WEBER (33) empfohlenen Zufallstafeln, in diesem Falle der von MUDRA (17) aufgestellten 100 zufälligen Reihenfolgen der Zahlen von 1—25, innerhalb der Gruppen zufällig angeordnet und in gleicher Weise zufallsmäßig zusammengestellt und gepaart wurden.

Aus den Verwandtschaftskoeffizienten aller Paare wurde der **mittlere kollaterale Verwandtschaftskoeffizient** der Population berechnet. Die Ergebnisse sind in Tabelle 17 zusammengestellt.

TABELLE 17

Der mittlere kollaterale Verwandtschaftskoeffizient des Jahrganges 1955/56 in der brandenburgischen Rinderzucht

n	$R_{xy}\%$	$s_{\bar{x}}$	s	V	t	$p\%$
100	1,3240	±0,4233	±4,2330	319,713	3,13	0,15

Der mittlere kollaterale Verwandtschaftsgrad in der brandenburgischen Rinderzucht beträgt für das vorliegende repräsentative Untersuchungsmaterial 1,32% ± 0,42. Er ist biometrisch gut gesichert, da der Mittelwert mehr als das dreifache des mittleren Fehlers beträgt. Die Verwandtschaft von 1,32% bedeutet, daß in der brandenburgischen Rinderzucht als Folge der Zuchtmethode der Verwandtschaftszucht eine wahrscheinliche Genübereinstimmung von 1,32% vorhanden ist. Eine in Wirklichkeit größere Übereinstimmung wäre demzufolge nicht auf die Wirkung der Inzucht oder Verwandtschaftszucht zurückzuführen, sondern in erster Linie auf Selektionsmaßnahmen.

Der gefundene Verwandtschaftskoeffizient entsteht durch 105 **Verwandtschaftslinien**, die durch 36 männliche Tiere, mit einem Verwandtschaftsbeitrag von 131,6228% und 4 weibliche Tiere mit einem Verwandtschaftsbeitrag von 0,7813% gebildet werden. Von den insgesamt 25 200 in den verglichenen Ahnentafeln möglichen Tieren tragen also nur 40 der möglichen Tiere = 0,16% zur Verwandtschaft bei. Die meisten Verwandtschaftslinien werden durch folgende Bullen erzeugt:

Abbo OSt 50500	13	Verwandtschaftslinien	mit	2,5297%	Verw.-Beitr.	
Feko OSt 39262	12	„	„	2,0510%	„	„
Almerich OSt 45100	11	„	„	1,4652%	„	„
Allex OSt 51550	9	„	„	3,2236%	„	„

Der Verwandtschaftsbeitrag dieser Bullen ist jedoch mit 8,2685% = $^1/_{16}$ der Gesamtverwandtschaft relativ gering, da diese Bullen erst in den weiter zurückliegenden Generationen erscheinen.

Die höchsten Verwandtschaftsbeiträge liefern:

Anton 1/1274	3 Verwandtschaftslinien	mit	34,375%	Verw.-Beitr.
Assar Pytje 1/1753	1 „	„	25,0 %	„ „
Kogel 8/1193	1 „	„	25,0 %	„ „
Peter 1/1497	1 „	„	12,5 %	„ „
Saban 1/1155	1 „	„	3,25 %	„ „
Saturn 1/1325	1 „	„	3,25 %	„ „
Lux 1/1357	1 „	„	3,25 %	„ „

Diese 7 Bullen liefern 106,6250% = $^4/_5$ der Gesamtsumme zum Verwandtschaftsbeitrag.

Auf die einzelnen Generationen, durch die sie erzeugt werden, verteilen sich die Verwandtschaftsbeiträge so, wie es aus Tabelle 18 hervorgeht. Wenn dabei die Verwandtschaft durch verschieden weit zurückliegende Generationen erzeugt wird, so soll der Beitrag der am weitesten zurückliegenden zugeschrieben werden.

Der mittlere Verwandtschaftsgrad ergibt sich aus diesen Teilverwandtschaften erst bei Berücksichtigung der Ausdrücke $(1 + F_A)$ und $\sqrt{(1 + F_x) \cdot (1 + F_y)}$, weshalb er nicht ohne weiteres als Mittel aus den Teilverwandtschaften zu berechnen ist. Der Unterschied zwischen der aus den Verwandtschaftsbeiträgen gebildeten Gesamtverwandtschaft von 132,82% und der aus den Einzelgliedern errechneten Gesamtsumme von 132,4041% zeigt jedoch, wie außerordentlich klein der Einfluß der Korrekturformeln für Inzucht gewöhnlich ist, worauf schon oben hingewiesen wurde.

TABELLE 18

Verwandtschaft je Paar pro Generation in Prozent (Verwandtschaftsrate), geordnet nach Generationen, in denen die Verwandtschaft entstanden ist. (In Klammern Verwandtschaftslinien.)

n	1. (Eltern)	2. (Gr.-Elt.)	3.	4.	5.	Ø
100	0,5000 (2)	0,4375 (4)	0,1563 (6)	0,1367 (27)	0,0977 (66)	0,27 (105)

Die Verwandtschaft steigt je Generation um durchschnittlich 0,27%. Auffallend ist dabei, daß die höchsten Verwandtschaftsraten in der 1. und 2. Generation auftreten und fast um das Doppelte über dem Mittel liegen.

Die Verteilung der Verwandtschaftsbeiträge auf die einzelnen Generationen bestätigt also die im vorhergehenden Abschnitt bei der Aufteilung der Inzuchtanteile auf Generationen gefundenen Ergebnisse und die daran angeknüpften Überlegungen. Die Art der hier vorliegenden Verwandtschaft, die offenbar als Ausdruck einer auf die nächsten Ahnengenerationen eingestellten — wenn auch relativ nicht sehr starken — Verwandtschaftszucht in der brandenburgischen Rinderzucht anzusehen ist, muß zwangsläufig dazu führen, daß auch die vorliegende Inzucht — wenngleich sie auch im Gesamtmaterial nur sehr gering ist — im Gegensatz etwa zu den von LAUPRECHT für Ostfriesland charakterisierten Verhältnissen, sich stärker auf die Eltern- und Großelterngeneration orientiert. Bei einem größeren Ausmaß der Inzucht im Gesamtmaterial könnte das zu einer bedenklichen Erhöhung der Inzucht führen. Im Hinblick auf eine Verstärkung der Inzucht durch die KB wäre das u. U. von Bedeutung.

Der durchschnittliche Verwandtschaftsgrad der 28 zahlenmäßig bedeutendsten Vererber konnte mit 1,5477% ± 0,5800 bestimmt werden. Er liegt damit nur unwesentlich über dem Mittel der Gesamtpopulation, wobei die Differenz nicht signifikant ist. Der Unterschied ist also rein zufällig.

KUTSAL fand für das schweizerische Braunvieh bei Berücksichtigung von 5 Ahnengenerationen einen mittleren kollateralen Verwandtschaftsgrad von 0,522% ± 0,041. Er ist weniger als halb so groß wie der im vorliegenden Material als Rassenmittel gefundene Wert. Die Differenz des mittleren Fehlers ist jedoch bei einem p-Wert von 6% statistisch nicht genügend gesichert. Der Unterschied wäre demnach zufälliger Art.

c) *Die Frage des Einflusses der künstlichen Besamung auf die Inzucht- und Verwandtschaftsverhältnisse*

Es war zu Beginn unserer Betrachtungen aufgezeigt worden, daß auf Grund der bisherigen Forschungsergebnisse der Reinzucht ggf. in Verbindung mit mäßiger Inzucht für die praktische Rinderzucht der Vorzug zu geben ist und daß zur Vermeidung von Schädigungen der Zucht und zwecks Erhaltung eines vielseitigen Genbestandes eine starke Abnahme der Heterozygotie für quantitative Eigenschaften, wie sie durch beständige Inzucht entsteht, zumindest in der breiten Landeszucht verhindert werden muß.

In der Herdbuchzucht besteht zwar die Möglichkeit, die Folgen gewagter Zuchtexperimente ständig zu überwachen, dennoch wird — von Ausnahmen abgesehen — im allgemeinen auch hier enge Inzucht nach Möglichkeit vermieden. Die vorliegenden im vorigen Kapitel näher beschriebenen Untersuchungen über den Inzuchtgrad in der brandenburgischen Rinderzucht und die neuesten Ergebnisse aus Ostfriesland und aus der Schweizer Braunviehzucht haben das erneut recht eindeutig bewiesen. Diese genetische Situation in der HB-Zucht, als Blutspenderin für die Landeszucht, ist bereits einer der Punkte, die bei der Untersuchung über die Beeinflussung der genetischen Verhältnisse in der Landeszucht zu berücksichtigen sind.

In diesem Zusammenhang erscheint es angebracht, bevor der Einfluß der KB auf die genetischen Verhältnisse näher untersucht wird, die Bedingungen kurz zu beleuchten, die innerhalb einer gegebenen Population vorhanden sein müssen, wenn bestimmte Inzuchtwirkungen eintreten sollen.

Inzucht entsteht durch Paarung verwandter Tiere. Will man Inzucht vermindern oder ganz vermeiden, so muß folglich die Paarung verwandter Tiere eingeschränkt bzw. unterlassen werden. In der praktischen Rinderzucht findet das z. B. darin seinen Ausdruck, daß Bullen, wenn sie mehrere Jahre innerhalb einer oder mehrerer Herden gedeckt haben, abgeschafft werden, damit sie nicht ihre Töchter decken müssen, sie haben „abgedeckt".

Der Herdbuchzüchter hat in gewissem z. T. auch mehr oder weniger beschränktem Maße die Möglichkeit, die zu paarenden Tiere hinsichtlich ihrer Verwandtschaft auszuwählen. In der breiten Landeszucht fehlt diese Möglichkeit fast ganz. Grundsätzlich wird jedoch die Wahrscheinlichkeit, bei der Paarung verwandte Tiere benutzen zu müssen, um so geringer sein, je größer die Population ist, der die zur Paarung kommenden Tiere entstammen. Diese Überlegungen lassen sich nach den Untersuchungen von WRIGHT populationsgenetisch durch folgende Formel ausdrücken:

$$\frac{1}{8 \cdot M} + \frac{1}{8 \cdot F} = \text{Inzuchtrate.}$$

Diese Formel gibt — wie im Abschnitt IVa praktisch vorgeführt — die Inzuchtrate in geschlossenen Populationen an, die von fremdem Blut völlig abgeschlossen sind. Sie setzt — streng genommen — Zufallspaarung und gleichmäßige Benutzung sämtlicher Zuchttiere voraus, was natürlich im allgemeinen nicht gegeben ist. Dadurch wird die gefundene Inzuchtrate unterschätzt.

Bei den in der Tierzucht vorliegenden Verhältnissen wird F gewöhnlich soviel größer sein als M, daß der Ausdruck $\frac{1}{8 \cdot F}$ ohne großen Fehler vernachlässigt werden kann. Damit bestätigt sich, daß die Heterozygotie, die pro Generation verlorengeht, d. h. die Stärke der Inzucht, durch die Anzahl der Vatertiere in einer Population bestimmt wird.

Wenn jetzt die Gefahren näher betrachtet werden, deren Entstehung seit Jahren der KB von züchterischer Seite zugeschrieben wurde, so ist leicht einzusehen, daß die gefürchtete Verminderung der Bullenzahl, die durch die KB zwangsläufig hervorgerufen werden dürfte, durchaus nachteilige Folgen haben kann. Eine besondere Bedeutung gewinnt dieses Problem für die HB-Zucht. Aus der Tatsache, daß die KB nur das Sperma einer sehr begrenzten Zahl von Bullen zur Verfügung stellt, wäre bei stärkerer Ausbreitung der KB auch in der HB-Zucht zu erwarten, daß die Nachkommen bedeutend weniger Väter haben als bisher und daß die Jungbullen, die auf den Körungen und Absatzveranstaltungen erscheinen, in viel stärkerem Maße die gleichen Väter haben, d. h. sie wären enger verwandt und in der nächsten Generation stärker ingezüchtet. Weiter befürchtet man, daß sich infolge des geringeren Bullenbedarfs im Lande viele Züchter von der Bullenproduktion zurückziehen, wodurch die mütterliche Basis eingeschränkt würde. Die damit verbundene Verbreitung des Erbgutes nur weniger Vatertiere müßte zwangsläufig neben der Einschränkung der Selektionsmöglichkeiten zur Blutverengung führen, die sich vor allem auch auf die Landeszucht auswirkt.

Es erheben sich somit an dieser Stelle folgende Fragen:

1. Welche Auswirkungen hat die KB bei verschieden starker Ausbreitung auf den Bullenbestand?
2. Welchem Einfluß unterliegen Inzucht und Verwandtschaft durch die KB bei verschieden starker Ausbreitung der KB in der HB- und Landeszucht?

1. Die Veränderung des Bullenbestandes

In Abb. 3 ist die Verteilung aller Bedeckungen auf den natürlichen Deckakt und die KB graphisch dargestellt. Daraus geht hervor, daß die KB in Brandenburg im Jahre 1954 bereits 41,6% des gesamten Bestandes an deckfähigen Färsen und Rindern erfaßt hatte. Wie bereits oben erwähnt, haben sich im Jahre 1956 die beiden Kurven überschnitten d. h. die KB erfaßte mehr als 60% und die natürliche Bedeckung weniger als 40% des Rinderbestandes.

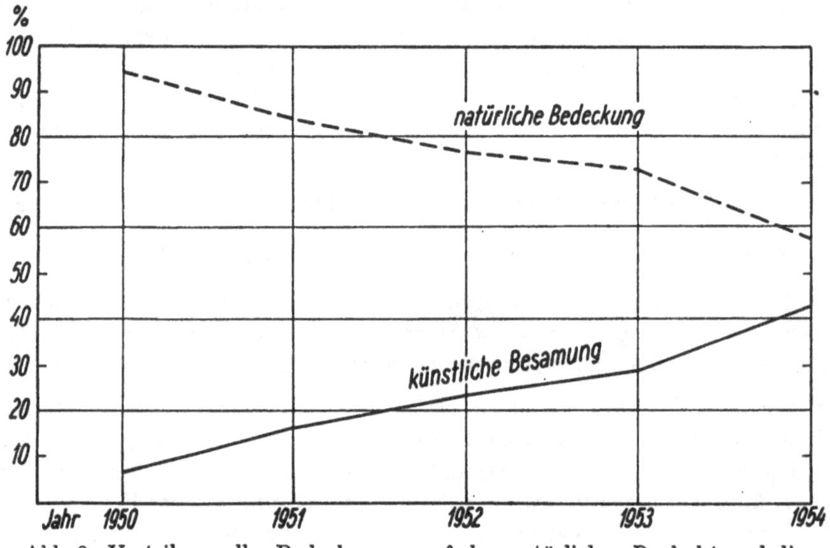

Abb. 3: Verteilung aller Bedeckungen auf den natürlichen Deckakt und die künstliche Besamung in Brandenburg

Zur Berechnung der Entwicklung des Bullenbestandes wurde einerseits zusätzlich zu dem für die Blutlinienanalyse benutzten Zahlenmaterial die Zahl der Zuchtbullen pro Jahr den amtlichen Dezemberviehzählungen entnommen, wobei wie bei der Zahl der Kühe und Färsen die Werte aus der Zeit vor der Verwaltungsreform 1952 aus den Kreisergebnissen errechnet werden mußten. Andererseits war die Zahl der pro Jahr deckenden Besamungsbullen aus den Stationsverzeichnissen und Tätigkeitsberichten zu ermitteln. In diesen Zahlen sind natürlich auch eine ganze Reihe von Bullen enthalten, die nur kurze Zeit besamt haben und nur wenige Erstbesamungen hatten. Der Mittelwertcharakter der durchschnittlichen Bedeckungsziffer pro Bulle schließt ein, daß auch solche extremen Fälle in ihr Berücksichtigung finden. Ohne diese Bullen dürfte jedoch die durchschnittliche Besamungsziffer je Bulle noch beträchtlich höher liegen.

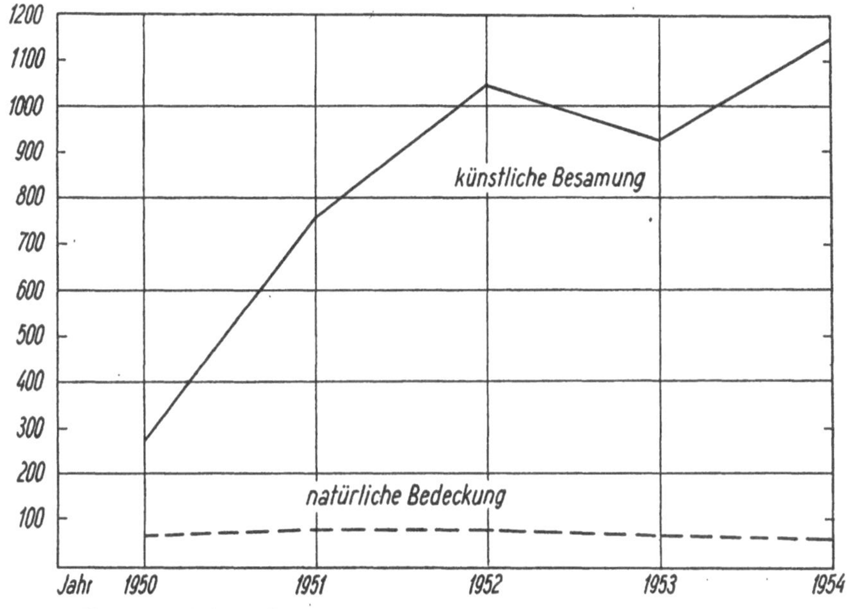

Abb. 4: Bullen-Kuh-Verhältnis in der natürlichen Bedeckung und in der künstlichen Besamung in Brandenburg

Die Entwicklungstendenz, die der durchschnittlichen Bedeckungsziffer in den letzten Jahren zu Grunde liegt, ist in Abbildung 4 näher veranschaulicht. Aus den folgenden Tabellen läßt sich das Verhältnis zwischen der Bedeckungsziffer im natürlichen Deckakt und in der KB ablesen sowie die ihr zu Grunde liegende zahlenmäßige Entwicklung des Bullen- und Kuhbestandes entnehmen.

TABELLE 19

Absolute Zahlen der natürlichen Bedeckung und der künstlichen Besamung in Brandenburg

Jahr	deckfähige Kühe u. Färsen	Bullen 1 Jahr u. älter	deckfähige Kühe u. Färsen		deckfähige Kühe u. Färsen	
			zur Bedeckung	durch Bullen	zur Besamung	durch Bullen
1950	325 300	4439	307 407	4374	17 899	65
1951	373 223	3736	307 347	3651	65 876	85
1952	409 916	3764	318 089	3676	91 827	88
1953	421 017	3948	297 842	3818	123 175	130
1954	419 666	3671	245 018	3520	174 648	151

TABELLE 20

Prozentuale Verteilung und Bullen-Kuh-Verhältnis in der natürlichen Bedeckung und in der künstlichen Besamung in Brandenburg

Jahr	Prozentuale Verteilung		Bullen-Kuh-Verhältnis	
	Bedeckung	Besamung	Bedeckung	Besamung
1950	94,5	5,5	70	275
1951	82,4	17,6	84	775
1952	77,6	22,4	87	1043
1953	70,7	29,3	78	948
1954	58,4	41,6	70	1157

Aus den vorstehenden Zahlenangaben ist zu entnehmen, daß das Bullen-Kuh-Verhältnis in Brandenburg in der natürlichen Bedeckung in den letzten Jahren nur unwesentlichen, vorwiegend durch die schnelle zahlenmäßige Vergrößerung des Gesamtkuhbestandes hervorgerufenen, kleineren Veränderungen unterworfen war. Der in der natürlichen Bedeckung seit dem Jahre 1950 um 20% zurückgegangenen Kuhzahl steht die ebenfalls um 20% zurückgegangene Zahl der Deckbullen gegenüber, so daß im Jahre 1954 das Bullen-Kuh-Verhältnis in der natürlichen Bedeckung wieder wie 1950 genau 70 beträgt. Anders liegen die Dinge in der KB, hier zeigt sich eine Tendenz, die aus fast allen Besamungsgebieten bekannt ist, indem die Zahl der zu besamenden Kühe prozentual mehr ansteigt als die der Besamungsbullen, so daß sich das Bullen-Kuh-Verhältnis ständig erweitert. Der Stillstand, der in dieser Entwicklung im Jahre 1953 zu verzeichnen ist, dürfte auf die damalige sehr starke Erhöhung der Zahl der Besamungsbullen, insbesondere durch die Schwedeneinfuhren, zurückzuführen sein. Eine Besamungsziffer von rd. 1000 Kühen je Bulle ist heute in Deutschland nicht mehr ungewöhnlich. In manchen Gebieten, so z. B. in Bayern, ist sie doppelt so hoch.

Insgesamt gesehen beträgt der Rückgang des Bullenbestandes seit 1950 18%, und zwar setzt sich diese Zahl im einzelnen zusammen aus einem Rückgang des Bullenbestandes der 1- bis 2jährigen um 33% und des Bestandes der Altbullen um 10%. Hierbei ist jedoch zu beachten, daß sich in Brandenburg die Gesamtzahl aller Kühe seit 1950 um 29% erhöht hat. Das war natürlich nicht ohne Einfluß auf die Zahl der Zuchtbullen. Unter der Voraussetzung, daß die Bedeckungsziffer auch bei unverändertem Gesamtkuhbestand in der natürlichen Bedeckung 70 geblieben wäre, wären bei gleicher Ausbreitung der KB im Jahre 1954 etwa 2713 Deckbullen und 117 Besamungsbullen, insgesamt 2830 Bullen erforderlich gewesen, d. h. der Bullenbestand wäre gegenüber 1950 um 36,2% zurückgegangen, wobei noch nicht berücksichtigt ist, daß 1950 die KB bereits einen, wenn auch kleinen Einfluß auf den Bullenbestand ausgeübt hat. Ohne die KB wären 1950 bei einer Bedeckungsziffer von 70 Tieren 4647 Deckbullen erforderlich gewesen, der Rückgang bis zum Jahre 1954 durch den Einfluß der KB hätte demnach bei unverändertem Kuhbestand 39% betragen. Damit wäre das eingetreten, was auch in anderen Zuchtgebieten beobachtet worden ist, daß der prozentuale Rückgang des Bullenbestandes durch die KB bei einer Besamungsziffer von 1000 Tieren je Bulle jeweils um wenige Prozent unter der prozentualen Beteiligung der KB an der Gesamtbedeckung liegt.

Wenn das Land Brandenburg als dasjenige Gebiet in der DDR anzusehen ist, in dem die KB zuerst eingesetzt und bis heute am stärksten vorangetrieben wurde und wenn dadurch die hier durchgeführten Untersuchungen über die Problematik der KB als besonders aussagefähig gelten dürfen, so ist es um so erfreulicher, daß gerade über das hier angeschnittene Problem der Bullenbestandsveränderung aus einem anderen Zuchtgebiet, das in Westdeutschland im Hinblick auf die Ausbreitung der KB wohl dieselbe Rolle spielen dürfte wie Brandenburg in der DDR, entsprechende Untersuchungen vorliegen. Es ist das Land Schleswig-Holstein mit dem höchsten Besamungsprozentsatz des Bundesgebietes von 39,3% im Jahre 1954. Auch im Lande Schleswig-Holstein zeigt nach den Untersuchungen von OTT (19) die Entwicklung des Bullenbestandes und der Bedeckungsziffern im natürlichen Deckakt und in der KB dieselbe Tendenz wie in unseren Untersuchungen. Die von mir angeführten Tabellen und graphischen Darstellungen wurden deshalb auch im Hinblick auf eine gute Vergleichsmöglichkeit in möglichst der gleichen Form angefertigt wie bei OTT. Lediglich die Bedeckungsziffer beim natürlichen Deckakt liegt in Schleswig-Holstein mit durchschnittlich 65 etwas niedriger als in Brandenburg. OTT ermittelte außerdem einen Rückgang des Vorkriegsbullenbestandes von 42,4%, wovon 37,1% auf den Einfluß der KB entfallen. OTT folgert daraus, daß bei einer Besamungsziffer von 1000 Tieren je Bulle in der KB der Rückgang des Bullenbestandes, wie oben beschrieben, vorauszuberechnen ist. Voraussetzung dafür ist jedoch, wie schon erwähnt, daß die Bedeckungsziffer im natürlichen Deckakt weitgehend unverändert bleibt. OTT ist der Meinung, daß die Abhängigkeit der Bedeckungsziffer in der natürlichen Vatertierhaltung von der durchschnittlichen Betriebsgröße und der landesüblichen Form der Bullenhaltung für eine annähernde Konstanz sorgt, wie es sich auch bei vorliegenden Untersuchungen ergibt. Ob diese Konstanz in Brandenburg auch vorhanden wäre, wenn die Kuhzahl nicht angestiegen wäre, ist nicht ohne weiteres zu sagen. Man könnte annehmen, daß die fast durchweg genossenschaftliche Form der Vatertierhaltung in Brandenburg, bei der man nicht so sehr auf eine regelmäßige und bestimmte Deckgeldsumme angewiesen ist wie in der privaten Bullenhaltung, nicht für eine Konstanz der Bedeckungsziffer, sondern für eine Konstanz der Zahl der Deckbullen selbst sorgt. Das würde bedeuten, daß trotz der KB die Zahl der Deckbullen nicht merklich vermindert wird, so daß bei gleichbleibender Kuhzahl das Bullen-Kuh-Verhältnis in der natürlichen Bedeckung enger wird. Genauer wird dies erst nach mehreren Jahren mit unverändertem Kuhbestand festzustellen sein. Die Viehzählungsergebnisse der letzten beiden Jahre mit nahezu gleicher Kuhzahl scheinen obige Annahme einer Konstanz der Bullenzahl jedoch nicht zu bestätigen. Vielmehr ist daraus abzuleiten, daß bei annähernder Konstanz des Bullen-

Kuh-Verhältnisses in der natürlichen Bedeckung mit steigendem prozentualen Anteil der KB die Bullenzahl insgesamt immer weiter abnehmen wird.

Die Untersuchungen in den beiden Zuchtgebieten Deutschlands mit der bisher wohl stärksten Ausbreitung der KB zeigen aber auch, daß die verschiedentlichen Angaben und Voraussagen über einen unverhältnismäßig starken und raschen Rückgang des Bullenbestandes durch die KB, der in manchen Kreisen bis zu 90% betragen soll, sehr kritisch zu beurteilen sind und keinesfalls verallgemeinert werden dürfen. Ein so starker Rückgang wäre eigentlich nur denkbar in Gebieten, in denen die KB über 90% des gesamten Kuhbestandes umfaßt.

2. Der Einfluß der künstlichen Besamung auf die Herdbuchzucht

Die eben besprochenen Ergebnisse haben gezeigt, daß durch die Verringerung der Bullenzahl der für die Bestimmung der Inzucht maßgebende Ausdruck $\frac{1}{8 \cdot M}$ größer geworden sein muß. Wenn auch der Wert M sehr klein werden müßte, um einen praktisch spürbaren Einfluß auf die Inzuchtrate auszuüben, so ist doch zu bedenken, daß durch die bevorzugte Benutzung weniger bekannter Vererber aus der an sich kleinen Zahl der Besamungsbullen, wozu gerade die KB eine gute Möglichkeit bietet, der Wert M sehr schnell außerordentlich zusammenschrumpfen kann.

Um zu prüfen, inwieweit derartige Vermutungen tatsächlich gerechtfertigt sind, wäre es am einfachsten, bei einer Stichprobe von Tieren aus der HB- und Landeszucht die Inzucht- und Verwandtschaftskoeffizienten zu berechnen und damit die Ergebnisse aus einer Stichprobe der gleichen Population zu einem Zeitpunkt zu vergleichen, als die KB noch nicht vorhanden war.

Die Unmöglichkeit für Kühe der Landeszucht, deren Inzuchtgrad vor allem interessiert, die Abstammung festzustellen, zwingt leider dazu, in diesem Falle auf die direkten Methoden zur Bestimmung des Inzuchtkoeffizienten zu verzichten. Es werden hier andere Überlegungen zur Klärung der Frage notwendig. Deshalb seien zunächst die Verhältnisse in der Herdbuchzucht genauer untersucht.

Hier also konnte, wie bereits angedeutet, vorgegangen werden. Je 200 nach einer reinen Zufallsmethode ausgewählte Jungbullen der Jahrgänge 1949, 1952 und 1955/56 wurden als repräsentative Vertreter ihres Jahrgangs einer Inzuchtschätzung unterworfen. Als Grundlage dienten die Ahnentafeln bis zur dritten Ahnengeneration. Die Ergebnisse sind in den Tabellen 21 und 22 zusammengestellt.

Sowohl die Inzuchtkoeffizienten als auch die Verwandtschaftskoeffizienten bei den 3 untersuchten Populationen zeigen keine auffälligen Unterschiede. Lediglich der Inzuchtkoeffizient d. J. 1955/56 ist mit 0,43% um 0,5% niedriger als die anderen. (Bis zur 5. Generation berechnet beträgt er 0,54%, wie es sich aus den vorhergehenden Untersuchungen ergeben hat.)

TABELLE 21

Mittlerer Inzuchtkoeffizient von Populationen der Jahrgänge 1949, 1952 und 1955/56

Jahrg.	n	F_x%	$s_{\bar{x}}$	s	V	t	p%
1949	200	0,9375	±0,2427	±3,4319	366,0663	3,86	<0,10
1952	200	0,9531	±0,3181	±4,4990	472,0386	2,99	0,27
1955/56	200	0,4375	±0,1273	±1,8017	411,5886	3,44	<0,10

TABELLE 22

Mittlerer kollateraler Verwandtschaftskoeffizient von Populationen der Jahrgänge 1949, 1952 und 1955/56

Jahrg.	n	R_{xy}%	$s_{\bar{x}}$	s	V	t	p%
1949	100	1,1376	±0,4134	±4,1335	363,3527	2,75	0,61
1952	100	1,2440	±0,4583	±4,5833	368,4325	2,71	0,69
1955/56	100	1,0553	±0,4078	±4,0776	386,3925	2,58	0,95

Diese und sämtliche anderen kleineren Differenzen zwischen den gefundenen Werten, sind jedoch nicht signifikant, die Abweichungen sind also rein zufälliger Art. Die Inzucht- und Verwandtschaftskoeffizienten selbst sind — wie sämtliche in dieser Arbeit mitgeteilten Mittelwerte — biometrisch gut gesichert, sie übertreffen ihre mittleren Fehler mindestens um das 2- bis 3fache.

Damit ist festzustellen, daß bis zum heutigen Zeitpunkt ein Einfluß der KB auf die genetischen Verhältnisse in der brandenburgischen Herdbuchzucht durch Veränderung des Inzucht- oder Verwandtschaftsgrades nicht bemerkbar ist.

Grundsätzlich muß in diesem Zusammenhang noch folgendes erwogen werden:

Die KB, die in Brandenburg im Jahre 1948 begonnen wurde, erreichte etwa 1950/51 einen spürbaren Einfluß. Angenommen, in dieser Zeit hätte die KB auch in der HB-Zucht vermehrt Eingang gefunden, dann wären frühestens nach 2 Jahren, also 1952/53 die ersten Jungbullen auf dem Markt erschienen, die vermehrt Besamungsbullen als Väter hätten haben können. Noch wäre keine Inzucht durch die KB möglich gewesen, wohl aber hätte eine größere Verwandtschaft meßbar sein können. Erst nach weiteren 2 Jahren, also frühestens 1955/56, hätten praktisch Jungbullen auf Absatzveranstaltungen erscheinen können, die auf Besamungsbullen verstärkt ingezüchtet sind. Sie müßten aus Halbgeschwisterpaarungen hervorgegangen sein, die jedoch — wie dargestellt — in der Rinderzucht relativ selten geübt werden. Es muß weiterhin betont werden, daß in der Herdbuchzucht vorwiegend eine individuelle, wohlüberlegte Zuchtwahl vorgenommen wird. Deshalb ist nicht anzunehmen, daß auf Besamungsbullen ingezüchtet wird, solange den Züchtern noch genügend andere Ausweichmöglichkeiten bleiben. Das wäre erst dann nicht mehr der Fall, wenn sich die Herdbuchzucht nur noch einiger weniger Besamungsbullen bedienen könnte. Wenn nach diesen Überlegungen in unserem Material frühestens 1953 der Verwandtschaftsgrad und frühestens 1955 der

Inzuchtgrad durch die KB hätte beeinflußt werden können, so unterstreicht das gleichzeitig, daß die weiter zurückliegenden Generationen für die Untersuchungen vorliegender Art keine Rolle spielen.

Dabei muß betont werden, daß die Erwartung, 1953 bzw. 1955 eine Veränderung der genetischen Verhältnisse durch die KB feststellen zu können, mit einer 2jährigen Generationsfolge in der Rinderzucht rechnet. Im allgemeinen beziehen sich jedoch Inzuchtschätzungen mit 3 Generationen auf die Population im Verlauf der letzten 15 Jahre entsprechend der normalerweise 5jährigen Generationsfolge in der Rinderzucht. Das alles unterstreicht, wie gering die Wahrscheinlichkeit ist, daß die KB in der HB-Zucht bereits eine meßbare genetische Veränderung nach so kurzer Zeit hervorgerufen hat, selbst wenn die Tendenz zu einer solchen Veränderung bereits im Material verborgen wäre. Somit kann zum gegenwärtigen Zeitpunkt nur mit Sicherheit ausgesagt werden, daß die KB in der brandenburgischen Herdbuchzucht eine durch die erste oder zweite Ahnengeneration entstehende größere genetische Vereinheitlichung nicht bewirkt. Das schließt nicht aus, daß in späteren Generationen auch Besamungsbullen vermehrt als Ahnen auftreten, wobei allerdings bisher keinerlei Beweise dafür vorliegen, daß dies in stärkerem Falle eintreten muß, als dies bisher schon bei den bekannten Vererbern jeder Zucht zu beobachten war.

Es ist weiter zu prüfen, ob sich bisher in der brandenburgischen Rinderzucht Anzeichen für die immer wieder vermutete und gefürchtete Verringerung der Auswahlmöglichkeiten durch die KB finden. Diese müßte sich in einer Verminderung der Väterzahl der Jungbullen und in einem Rückgang der bisher an der Bullenaufzucht beteiligten Zuchten bemerkbar machen.

Zur Klärung dieser Frage wurde in vorliegendem Material der Anteil der Väter aus der natürlichen Bedeckung und aus der KB und der Anteil der einzelnen Zuchten an der Jungbullenproduktion im beobachteten Zeitraum errechnet. Die folgende Tabelle zeigt, daß in einem Zuchtgebiet mit einem Anteil der Besamung von 40% und einem Einfluß der KB auf die Bullenproduktion von 32% — wie es im Jahre 1954 gewesen ist, also noch vor der Entstehungszeit des Jahrgangs 1955/56 der untersuchten Jungbullen — keine Rede davon sein kann, daß die KB zu einer Genverarmung in der Herdbuchzucht führen oder die Selektionsmöglichkeiten einschränken muß. Die Väterzahl ist im Vergleich zu 1950 sogar um 28% angewachsen.

TABELLE 23

Entwicklung der Zahl der Väter von Jungbullen auf ZVA von 1950—1956/57 unter Berücksichtigung der KB

Jahre	Söhne	Väter	S/V	Bes.-Vä.	Sö. v. Bes.-Vä.	% Anteil d. KB
1950	200	92	2,17	11	14	7
1953	200	97	2,06	19	46	23
1956/57	200	118	1,69	34	65	32,5

Wie aus Tabelle 24 hervorgeht, findet auch die vor allem von vielen Zuchtleitungen und Züchtern vertretene Auffassung einer durch die KB hervorgerufenen Einschränkung der mütterlichen Basis infolge geringerer Beteiligung der Züchter an der Bullenaufzucht (19) in Brandenburg keine Bestätigung. Auch die Zahl der auf ZVA verkauften Jungbullen erleidet keine Einschränkung. Kleinere Schwankungen, wie sie auch in der vorhergehenden Tabelle auftreten, sind hier ohne Bedeutung, da die Zahlen ohnehin von Jahr zu Jahr kleineren Veränderungen unterworfen sind, die mit den hier erörterten Problemen nichts zu tun haben.

TABELLE 24

Beteiligung der Züchter an der Bullenaufzucht während der Jahre 1950—1956/57

Jahre	Söhne	Orte, aus denen die Bullen kommen	Zuchten, aus denen die Bullen kommen	Zuchten mit Besamungsbullen	Besamungsbullen-Söhne	Insges. in die Zucht gegangene Bullen
1950	200	81	155	10	14	1040
1953	200	88	148	41	46	1276
1956/57	200	83	141	43	65	1000

Bei andernorts aufgestellten Berechnungen soll mitunter eine Verkleinerung der mütterlichen Basis infolge der KB festzustellen sein, weil durch den zweifellos in vielen Gebieten zurückgegangenen Bullenbedarf auch die Zahl der Bullenaufzüchter zurückgeht. Eine wirklich besorgniserregende Verkleinerung der Zuchtbasis dürfte dann vorliegen, wenn sich das Verhältnis der verkauften Jungbullen zur Zahl der sie produzierenden Zuchten verengte, wenn also die mütterliche Basis, relativ gesehen, merklich kleiner würde. Beides ist in Brandenburg nicht der Fall. Allgemein ist vielmehr mit einer gegensätzlichen Tendenz zu rechnen. Durch die KB erhalten viele Tierhalter überhaupt erst die Möglichkeit, in ihren Beständen hochwertige Vatertiere zu verwenden und sich dadurch an der Herdbuchzucht zu beteiligen. Wie EIBL (4) aus Bayern mitteilt, konnte durch entsprechende Aktivierung der Kuhhalter durch die Zuchtverbände in mehreren Herdbuchgesellschaften die Zahl der Bullenmütter fast verdoppelt werden. Nach Berichten des MILK MARKETING BOARD (34) hat sich in England die Zahl der Zuchten für die Bullenproduktion in der Schwarzbuntzucht, die vor der Einführung der KB von etwa 20—30 führenden Zuchten beherrscht wurde, auf 110 Herden erhöht, die heute die Besamungsbullen erzeugen.

Die teilweise Abhängigkeit des Anreizes zur Bullenaufzucht, nicht nur ausschließlich von den durch die KB diktierten Bedingungen, sondern auch von den betriebswirtschaftlichen Verhältnissen, bringt es mit sich, daß die hier in ihrer grundsätzlichen Auswirkung geschilderten Verhältnisse gebietsweise durchaus verschieden sein können, was auch die z. T. recht unterschiedlichen Auffassungen über diese Frage erklärlich erscheinen läßt.

Aus den bisher über den Einfluß der KB auf die Herdbuchzucht mitgeteilten Ergebnissen und Betrachtungen folgt, daß selbst in einem Zuchtgebiet, in dem der Anteil der KB nicht kleiner ist als der Anteil der natürlichen Vatertierhaltung, in der Herdbuchzucht weder Inzucht noch Einschränkung der Selektionsmöglichkeiten einzutreten braucht, wenn der Züchter die Besamungsbullen ebenso überlegt und wechselweise für die Zuchtwahl heranzieht, wie die übrigen Deckbullen. Dieses ist bisher in Brandenburg der Fall gewesen. Voraussetzung dafür ist, daß durch eine genügend starke Besetzung der Besamungsbezirke und Besamungsstationen mit Besamungsbullen möglichst vielseitiger Blutführung die Vornahme der verschiedenartigsten Paarungskombinationen in der Hochzucht gegeben ist und gefördert wird.

Eine akute Gefahr der KB kommt m. E. aus einer ganz anderen Richtung. Sie besteht darin, daß die Söhne der Besamungsbullen, die in wachsender Zahl von der HB-Zucht für die Landeszucht zur Verfügung gestellt werden, als Deck- oder — was noch schlimmer ist — als Besamungsbullen in Gebiete kommen, in denen bereits ihre Väter oder engste Verwandte besamt haben. Damit würde durch die KB über die HB-Zucht, selbst wenn diese um eine vielseitige Blutführung mit Erfolg bemüht ist, in der Landeszucht planlose Inzucht in großer Zahl ausgelöst. Auf Grund der vorliegenden Untersuchungen ist es möglich, über das Ausmaß solcher Inzuchterhöhungen in der Landeszucht sehr konkrete Angaben zu machen. Zuvor wäre zunächst ganz allgemein die Art des Einflusses der KB in der Landeszucht näher zu betrachten.

3. Der Einfluß der künstlichen Besamung auf die Landeszucht

Abnahme der Heterozygotie, also Inzucht, erfolgt nach der Formel $\frac{1}{8 \cdot M} + \frac{1}{8 \cdot F}$ = Inzuchtrate. Selbst bei Verwendung von nur wenig Vatertieren wäre damit die pro Generation erzeugte Inzucht nur sehr gering. Voraussetzung ist jedoch Zufallspaarung aller Glieder innerhalb einer isolierten Population. Bevorzugte Verwendung einzelner Vatertiere und Einschränkung der Zufallspaarung lassen sehr schnell den Wert M klein und damit die Inzuchtrate merklich größer werden.

Solange in der Landeszucht die aus der HB-Zucht gelieferten Bullen lediglich in der natürlichen Bedeckung standen, konnte man annehmen, daß die Inzucht keinesfalls größer war als im Mittel innerhalb der HB-Zucht, wahrscheinlich kleiner, abgesehen vom unglücklichen Wirken mancher „schwarzen" Bullen. Bestenfalls konnte sich die Verwandtschaft durch einen Bullen steigern, der mehrere Jahre in einer Herde oder Genossenschaft gedeckt hatte. Aber da praktisch eine Kreuzung der Kühe mit anderen als den von außerhalb zugekauften Deckbullen nicht stattfand und auch in der Landeszucht keine Zuchtbullen aufgezogen werden dürfen, konnte aus einer Verwandtschaft in der Landeszucht bisher niemals Inzucht entstehen. Theoretisch wird zwar, selbst in einer Ein-Mann-Herde, in welcher niemals weibliche Tiere zugekauft wurden, aber jedes neue Vatertier mit der Herde unverwandt ist, eine durchschnittliche Verwandtschaft von 33,3% zwischen den Herdenpartnern erreicht, aber dieses Niveau wird nie überschritten.

Durch die KB brauchte sich an dieser genetischen Situation in der Landeszucht nichts zu ändern, selbst wenn nunmehr nicht nur die Kühe eines Dorfes, sondern eines ganzen Kreises oder Bezirkes infolge der etwa 10- bis 20mal stärkeren Ausbreitung eines Besamungsbullen miteinander verwandt werden. Wichtig wäre nur, daß für jede Generation ein anderer, mit dem vorhergehenden unverwandter Bulle besamt, was zweckmäßigerweise dadurch gewährleistet werden könnte, daß die Besamungsbullen spätestens alle 2 Jahre ihren Besamungsbereich wechseln und durch unverwandte Bullen ersetzt werden.

Tatsächlich liegen in der Praxis die Dinge weitaus komplizierter und bedenklicher, wie an Hand vorliegenden Materials ermittelt werden konnte.

Zunächst besteht die Gefahr einer zu engen Blutführung. Zwar zeigt die Blutlinienanalyse, daß in sämtlichen Kreisen Brandenburgs die wichtigsten Linien etwa gleichstark verbreitet sind, es konnte aber auch nachgewiesen werden, daß das in den letzten Jahren begonnene Vordringen einer einzelnen Linie, der holländisch-schwedischen Bullen, in der Landeszucht durch die KB infolge der ihr anhaftenden weit größeren Verbreitungsmöglichkeit außerordentlich gefördert wurde. Wenn ohnehin schon durch die KB erreicht wird, daß durch die relativ geringere Väterzahl eine weit größere Verwandtschaft innerhalb der gesamten Landeszucht eintritt, so wird durch die mehrjährige bevorzugte Verwendung von Bullen einer bestimmten Linie die Wahrscheinlichkeit noch mehr erhöht, daß die Nachkommen aus der KB in einzelnen Gebieten einen überdurchschnittlich hohen Verwandtschaftsgrad erreichen. Verwandtschaft bedeutet jedoch noch keine Inzucht, und es wäre nichts Nachteiliges zu befürchten, solange es vermieden werden könnte, daß es innerhalb der Landeszucht zur Paarung zwischen verwandten Tieren kommt. Das ist die entscheidende Frage, deren Lösung man nur näher kommen kann, wenn der Einsatz der Vatertiere planmäßig organisiert und gelenkt wird. Damit steht und fällt die züchterische Berechtigung der KB. Ohne Zuchtplanung tritt unweigerlich planlose Inzucht mit all ihren schädlichen Folgen in der Landeszucht ein. Daß das keineswegs eine übertriebene Behauptung ist, wird durch das Studium der brandenburgischen Situation bewiesen, wo bisher von einer sinnvollen Zuchtplanung in der KB keine Rede sein konnte.

Zunächst konnte für Brandenburg festgestellt werden, daß einerseits die Besamungsbullen zwischen den Stationen außerordentlich häufig ausgetauscht wurden, so daß praktisch das Blut mancher Bullen in allen oder sehr vielen Kreisen verbreitet ist, was die Verwandtschaft zwischen den Kühen des ganzen Landes zweifellos stärker erhöht hat, als normalerweise erforderlich war.

Andererseits standen über 10% aller Besamungsbullen drei Jahre und länger auf der gleichen Station (4%) oder im gleichen Bereich (6%). Damit ist bereits die erste Möglichkeit des Auftretens von Inzucht (in diesem Falle durch Vater-Tochter-Paarungen) in großer Zahl gegeben, die weder von Seiten des Tierhalters noch von Seiten des Besamungstechnikers abgewendet werden kann, weil die Vaterschaft der zu besamenden Kühe in den allermeisten Fällen ungeklärt ist.

Die weitaus größte Zahl von Inzuchtpaarungen dürfte aber dadurch entstehen, daß Jungbullen teils in der natürlichen Vatertierhaltung, teils sogar in der KB wieder in Gebieten eingesetzt werden, wo ihre Väter bereits besamt haben. Fast zwangsläufig muß in solchen Fällen die engste Inzucht, vorwiegend Halbgeschwisterpaarung, auftreten. Sie wird um so umfassender sein, je stärker die jeweilige Population untereinander verwandt ist. Da bisher den für den Einsatz von Jungbullen verantwortlichen Zuchtlenkungskommissionen keine Unterlagen über die genauen, sich ständig ändernden Besamungsbezirke der Väter vorliegen, ist eine Lenkung des Einsatzes der Jungbullen nach genetischen Gesichtspunkten nicht möglich.

Man möge einwenden, daß es sich hier um theoretische Erwägungen handelt und die geschilderten Fälle in der Praxis relativ selten sind. Die hier vorliegenden Untersuchungen, bei denen erstmalig praktisch die gesamte Vatertierhaltung eines Zuchtgebietes innerhalb eines Jahrzehntes einschließlich der Nachkommen abstammungsmäßig untersucht wurde, gestatten es, die dargelegten Ausführungen mit konkreten Zahlen zu belegen, da sich an Hand der von mir aufgestellten Bullenkartei die gesamte Nachzucht eines Vatertieres und deren Verwendung in der Zucht seit 1948 genau verfolgen läßt. Im einzelnen konnte folgendes ermittelt werden:

Von den 215 Besamungsbullen, die in den Jahren 1950—1954 in Brandenburg besamt haben, sind 108 Bullen als Väter von 1088 Jungbullen = 11,88% aller seit 1948 in die Zucht gegangenen Bullen aufgetreten. Von diesen 1088 Jungbullen sind 40% in denselben Besamungsbezirk und 20% in denselben Stationsbereich, also insgesamt 60% in denselben Deckbezirk als Genossenschaftsbullen verkauft worden, in dem ihr Vater bereits jahrelang als Besamungsbulle mitunter stärkstens eingesetzt war.

Die Verhältnisse werden noch bedenklicher, wenn ein Jungbulle als Besamungsbulle in den Besamungsbereich seines Vaters oder Bruders kommt. Man könnte annehmen, daß eine solche Verwendung von unter sich direkt oder auch kollateral verwandten Besamungsbullen nicht allzu oft vorgekommen sein dürfte, da der durchschnittliche Verwandtschaftsgrad der quantitativ bedeutendsten Besamungsbullen, d. s. 28 Tiere mit mehr als 5000 Erstbesamungen, die 39,9% aller Erstbesamungen in den Jahren 1950 bis 1954 geliefert haben, nur 0,5185% ± 0,0966 beträgt, wie errechnet werden konnte. Es handelt sich jedoch hier um einen Mittelwert, also um eine Durchschnittszahl, die sich außerdem nur auf einen Teil der Besamungsbullen bezieht. Man vermag in dem vorliegenden Fall daraus nicht zu entnehmen, daß zahlreiche direkt und kollateral verwandte Besamungsbullen in den letzten Jahren in Brandenburg eingesetzt worden sind.

Es ist auch unerheblich, daß von diesen 28 Spitzen-Besamungsbullen 26 überhaupt nicht ingezüchtet sind und 2 einen Inzuchtkoeffizienten von unter 1,0% haben. Selbst wenn die Inzucht bei allen Besamungsbullen beträchtlich wäre, würde das unmittelbar auf die Verwandtschaft zu ihren Kreuzungspartnern keinen Einfluß haben, da Inzucht die Verwandtschaft vermindert $\left(\sqrt{(1 + F_x)(1 + F_y)}\right)$.

Im Hinblick auf den oben erwähnten Einsatz von untereinander verwandten Besamungsbullen hat sich für die 215 Besamungsbullen der Jahre 1950—54 folgendes ergeben:

21mal haben je 2 Brüder,
1mal haben sogar 4 Brüder im gleichen Besamungsbezirk besamt.
14mal haben je 2 Brüder zu etwa dem gleichen Zeitpunkt auf derselben Station besamt.
6mal haben Sohn und Enkel eines Besamungsbullen im gleichen Besamungsbezirk besamt.

In 10 dieser Fälle ist dabei außerdem infolge des Jahresunterschiedes die Möglichkeit gegeben, daß der Bruder seine Nichten bzw. der Sohn seine Halbgeschwister besamt.

Es besteht kein Zweifel, daß derartige Fälle die Verwandtschaft und — sobald ein Besamungsbulle nach einigen Jahren in den ehemaligen Besamungsbereich seines Vaters, Bruders oder sonstigen nahen Verwandten kommt — die Inzucht in der Landeszucht bedenklich zu erhöhen vermögen. Das Ergebnis der vorliegenden Ermittlungen beweist, in welch starkem Maße dies bereits in der brandenburgischen Landeszucht eingetreten sein wird.

Zusammenfassend kann deshalb über den Einfluß der KB auf die Landeszucht gesagt werden, daß nur bei Anwendung von planvollen Methoden des Bulleneinsatzes nach züchterischen Gesichtspunkten eine unerwünschte Bluteinengung und Inzucht im Rahmen des Zulässigen gehalten werden kann. Das erfordert schnellstens organisatorisch-züchterische Maßnahmen der verantwortlichen Stellen. Wie das im einzelnen geschehen kann, soll abschließend dargelegt werden.

E. SCHLUSSFOLGERUNGEN

Aus den Ergebnissen dieser Arbeit sind folgende Schlußfolgerungen für die Weiterentwicklung der Zucht und bessere Planung und Organisation der Vatertierhaltung in der DDR, speziell in Brandenburg zu ziehen:

1. Der Ankauf und die Auswahl der Besamungsbullen sind zweckmäßigerweise von einer zentralen Stelle aus vorzunehmen unter besonderer Berücksichtigung der blutlinienmäßigen Verhältnisse in den Besamungsbezirken und den unter ihrem Einfluß stehenden Kreisen. Als Grundlage dafür können die Untersuchungen vorliegender Arbeit dienen, speziell die ausführlichen Blutlinientafeln und -karten der Kreise und Besamungsbezirke. Bei der Auswahl der Bullen für die Besamungsbereiche ist eine einseitige Bevorzugung einzelner Linien und engverwandter Bullen zu vermeiden.
2. Um unerwünschte Inzucht und eine Schrumpfung der Auslesebasis zu verhindern, sind auf den Besamungsstationen — soweit dies noch nicht geschehen ist — die Besamungsbullen in mehrere Blutliniengruppen einzuteilen. Jeder Gruppe ist ein bestimmter Abschnitt des Besamungsbereiches zuzuteilen, z. B. ein Kreis, dessen Grenzen festliegen müssen. Nach etwa 2 Jahren werden die Gruppen innerhalb des Besamungsbereiches gewechselt. Vorher ist ein Austausch von Bullen nicht vorzunehmen. HB-Zuchten könnte im Einvernehmen mit der Zuchtleitung auf Antrag gestattet werden, auch Besamungen mit Sperma von Bullen durchführen zu lassen, die nicht der zuständigen Blutliniengruppe angehören. Möglichst vielseitige Paarungskombinationen in der HB-Zucht sind von Seiten der Zuchtleitungen zu fördern, wobei die besten Kühe vor allem mit den nachkommengeprüften Plusvererbern zu besamen wären, während die anderen Kühe in erster Linie als Prüfungspartner für die zu testenden Jungbullen in Frage kommen. Über die Blutliniengruppen und ihre Einflußbezirke sind genaue Aufzeichnungen anzufertigen, die allen interessierten Kreisen zugänglich zu machen sind.

   Die Einteilung in Blutliniengruppen und Vermeidung häufigen Wechsels der Besamungsbullen innerhalb einer Station oder des Landes ermöglicht und erleichtert zugleich auch die Durchführung der außerordentlich aufschlußreichen Nachzuchtbesichtigungen der Besamungsbullen.
3. Die Aufstellung von Blutliniengruppen, die sich in vielen Besamungsgebieten schon sehr bewährt hat, sollte für größere Komplexe, die sich der

Besamung angeschlossen haben, z. B. Landwirtschaftliche Produktionsgenossenschaften, VE-Güter usw. durch die Aufstellung von Zuchtplänen, etwa in der Form wie sie SELL (29) vorschlägt (siehe beiliegendes Schema), unterstützt werden. Dadurch wird nicht nur eine Schädigung der Zucht vermieden, sondern diejenigen Bauern, die keine erfahrenen Züchter sind, um nach eigenen Zuchtplänen arbeiten zu können, die aber auch keine bloßen Tierhalter sein wollen, werden durch derartige Zuchtpläne, die von den Zootechnikern unter entsprechender Anleitung erarbeitet werden könnten, an das züchterische Denken herangeführt.

4. Die Arbeit der Zuchtlenkungskommissionen bedarf einer grundlegenden Umstellung. Um den Bedarfsträgern nicht nur typ- und leistungsmäßig, sondern auch blutmäßig den Bullen zuweisen zu können, der zu ihrer Herde oder Gemeinde paßt, ist zu fordern (was bereits vor einigen Jahren in Brandenburg vorgeschlagen, aber nicht durchgeführt wurde), daß in Zukunft Bullen nur dann noch zugewiesen werden, wenn der Käufer den Abstammungsnachweis desjenigen Bullen vorlegt, der zuletzt auf seinem Hof oder in der betreffenden Gemeinde gedeckt hat. Anhand der Abstammung dieses Tieres, unter Berücksichtigung des Einflusses der KB auf den betreffenden Kreis oder Betrieb und unter Beachtung der blutlinienmäßigen Verhältnisse, trifft dann die Zuchtlenkungskommission ihre Entscheidung über den Einsatz der Vatertiere im natürlichen Deckakt.

5. Besondere Aufmerksamkeit ist dem Einsatz von Bullen zu widmen, die von Besamungsbullen abstammen. Sie sind in Zukunft — soweit es noch nicht geschehen ist — in den Katalogen der ZVA besonders zu kennzeichnen. Grundsätzlich ist bei jedem dieser Jungbullen zu prüfen, in welchen Gebieten bereits sein Vater besamt hat und sein Verkauf in diese Gebiete abzulehnen. Über den Bereich des Vaters gibt das beiliegende Besamungsbullenregister Auskunft, das im Rahmen vorliegender Untersuchungen zusammengestellt worden ist und alle brandenburgischen Besamungsbullen sowie deren Standorte bis zum Jahre 1954 enthält. Eine Orientierung über den Besatz der Stationen seit 1955 ist durch die von der damaligen Abteilung Besamung des Ministeriums für Land- und Forstwirtschaft herausgegebenen Kataloge der Besamungsstationen möglich.

6. Um den Einfluß der KB vor allem auch auf das weibliche Material ständig genau kontrollieren zu können und die Organisation des Vatertiereinsatzes auf eine exakte Grundlage zu stellen, ist die gesamte Nachzucht der Besamungsbullen zu kennzeichnen.

7. Für ungeprüfte Jungbullen ist die Zahl der Erstbesamungen auf etwa 500 pro Jahr zu beschränken.

8. Die Erfüllung vorstehende Forderungen wird besonders im Hinblick auf die weiterhin unverminderte Ausbreitung der KB im Interesse der Gesunderhaltung und Verbesserung der Zucht dringend empfohlen.

F. ZUSAMMENFASSUNG

1. Eine weitere Leistungssteigerung in der Milchviehhaltung und die immer stärkere Ausbreitung der KB in der Rinderzucht erfordern eine straffe Planung und Lenkung des Einsatzes der Vatertiere in der HB- und besonders in der Landeszucht. Das setzt voraus, daß über die Verhältnisse in der breiten Landeszucht, vor allem über deren Blutaufbau und über die Inzucht- und Verwandtschaftsverhältnisse im gesamten Zuchtgebiet, genaue Kenntnisse vorhanden sein müssen. Mit vorliegender Arbeit war deshalb die Aufgabe gestellt, im Gebiet des ehemaligen Landes Brandenburg eine Analyse der Blutlinienzugehörigkeit der Vatertiere der letzten Jahre vorzunehmen sowie die Inzucht- und Verwandtschaftsverhältnisse und die Frage des Einflusses der KB auf Blutaufbau, Inzucht und Verwandtschaft in einem größeren Zuchtgebiet, in dem die KB seit einigen Jahren zur Anwendung kommt, näher zu untersuchen als Grundlage für eine planvolle Lenkung der Vatertierhaltung in der natürlichen Bedeckung und in der KB.
2. In der Literatur sind über den gegenwärtigen Blutaufbau des brandenburgischen Schwarzbuntzuchtgebietes und über ähnliche Untersuchungen an der Landesrinderzucht anderer Gebiete keine Angaben vorhanden. Populationsgenetische Untersuchungen, die sowohl die Inzucht- als auch die Verwandtschaftsverhältnisse in der Rinderzucht zum Gegenstand haben, wurden in Deutschland noch nicht angefertigt. Auf entsprechende ausländische Arbeiten wird hingewiesen. Untersuchungen über den Einfluß der KB auf Blutaufbau, Inzucht und Verwandtschaft eines größeren Zuchtgebietes, wie sie hier vorliegen, sind bisher nicht bekannt geworden.
3. Da zur Feststellung derjenigen Bullen, die seit dem Wiederaufbau der Zucht nach 1945 im Gebiet von Brandenburg gedeckt haben, die Unterlagen der Kreiskörstellen wegen ihrer Unvollständigkeit bzw. z. T. wegen völligen Fehlens nicht benutzt werden konnten, mußte — statt dieser zeitsparenden und praktischen Methode — die Erfassung aller Bullen, die über brandenburgische oder auswärtige ZVA ins Zuchtgebiet gegangen waren, als Grundlage der Materialsammlung dienen. Durch Auswertung sämtlicher in Betracht kommenden ZVA in der DDR seit 1945 sowie Ermittlung der Stallverkäufe, der Importtiere und der Altbullen und durch

wiederholte verschiedenartige Durchkämmungen des brandenburgischen Herdbuches war es möglich, für die Analyse der Blutlinien im Landesmaßstab 90,6%, für die Analyse der Blutlinien in den Kreisen 78,1% aller seit 1948 in die Zucht gegangenen Bullen zu erfassen.

Die weiteren Untersuchungen haben bewiesen, daß die erfaßten Bullen einen repräsentativen Ausschnitt der Gesamtpopulation darstellen und somit deren Blutlinienanalyse imstande ist, die in der gesamten brandenburgischen Herdbuch- und Landeszucht vorhandenen blutlinienmäßigen Verhältnisse widerzuspiegeln. Die Untersuchungen wurden so durchgeführt, daß später auf Grund des vorliegenden Materials auch eine leistungsmäßige Auswertung der Ergebnisse möglich ist. In die Untersuchungen wurden auch die Besamungsbullen mit der Zahl ihrer Erstbesamungen einbezogen. Die Materialsammlung wurde sehr erschwert durch Mißstände im Verwaltungsapparat. Entsprechende Verbesserungsvorschläge wurden bereits während der Durchführung der Arbeit den verantwortlichen Stellen unterbreitet.

Zur Berechnung der Inzucht- und Verwandtschaftskoeffizienten wurde eine repräsentative Auswahl von 200 Jungbullen aus den ZVA der Jahre 1956/57 getroffen, und deren Ahnentafeln wurden bis zur 5. Generation ausgewertet. Für die quantitativ bedeutendsten Deck- und Besamungsbullen der Nachkriegszeit wurde ebenfalls die Inzuchtschätzung durchgeführt. Zur Feststellung des Einflusses der KB auf die Inzucht- und Verwandtschaftsverhältnisse wurden je 200 Jungbullen als Repräsentanten der Jahrgänge 1949, 1952 und 1955/56 ausgewählt und deren Inzucht- und Verwandtschaftskoeffizienten unter Berücksichtigung von 3 Ahnengenerationen berechnet und verglichen.

Das gesamte aus den populationsgenetischen Untersuchungen anfallende Zahlenmaterial wurde variationsstatistisch verarbeitet.

4. Die Analyse der Blutlinienzugehörigkeit in den Kreisen ergibt ein relativ ausgeglichenes Bild. Die ostfriesischen Linien Almerich, Juwel, Junior und Berthold stehen in fast allen Kreisen nahezu gleichstark an der Spitze. Ihre Stärke von rd. 20% erreichen in einigen Kreisen auch die FRS-ASL-Linien einschließlich Adema. Alle anderen Linien spielen eine untergeordnete Rolle. Insgesamt ist der Blutaufbau in den Kreisen als Ausdruck einer weitgehenden Vereinheitlichung anzusehen, die im Laufe der Jahrzehnte infolge der Verwendung gekörter Vatertiere aus immer wieder den gleichen bedeutenden Zuchten und Blutlinien entstanden sein dürfte.

   Der Anteil der Importbullen ist unterschiedlich, er liegt in den Kreisen mit wenig HB-Zuchten am höchsten besonders durch Einfuhren aus Sachsen-Anhalt. Die brandenburgischen Hochzuchtgebiete dagegen ergänzen ihren Bullenbedarf vorwiegend aus der eigenen Zucht.

   Das Verhältnis der Söhne zu den Vätern, der sogenannte Söhne-Väter-Quotient, liegt ohne stärkere Unterschiede innerhalb der Kreise im Durchschnitt bei 1,4.

Hinsichtlich der Qualität der Deckbullen, errechnet aus der Zugehörigkeit zu den einzelnen Zuchtwertklassen, treten stärkere Unterschiede zwischen den Kreisen auf. In den Kreisen Ludwigslust, Neuruppin, Gransee, Nauen, Fürstenwalde, Eberswalde, Angermünde und Strasburg gehören über 50% aller untersuchten Bullen den Zuchtwertklassen I und II an. Besonders schlecht, unter 30%, schneiden einige der Kreise ab, die ihren Bullenbedarf vorwiegend durch Sammeleinkäufe der zuständigen Handelskontore decken. Der Anteil der Herdbuchbullen ist naturgemäß in den Zuchtzentren am größten.

5. Bei der Analyse der Blutlinienzugehörigkeit im Landesmaßstab zeigt sich, daß der Almerich- und Berthold-Linie etwa $^1/_5$ aller Vatertiere des Landes angehören. Die Junior- und Juwel-Linie mit 17,9% bzw. 16,9% und die FRS-ASL-Linien einschl. Adema mit 12,3% sind ebenfalls für den Blutaufbau von großer Bedeutung. Alle anderen Linien sind heute schon in männlicher Linie ziemlich unbedeutend und stellen nur eine willkommene Bereicherung der Blutbasis dar. Die Entwicklung der Blutlinien seit 1948 läßt erkennen, daß auch in Brandenburg — z. T. ähnlich wie in anderen Schwarzbuntzuchtgebieten — die Almerich- und Junior-Linie auf Kosten der Berthold-, Juwel- und der kleineren Linien stark im Ansteigen begriffen sind. Besonders stark haben sich in den letzten Jahren auch die holländisch-schwedischen Linien entwickelt.

Die getrennte Blutlinienanalyse der Herdbuch- und Nichtherdbuchbullen ergibt keine unterschiedliche Rangfolge in der Blutlinienverteilung.

Auch die von auswärtigen Zuchtgebieten eingeführten Vatertiere, die rd. $^1/_4$ aller Deckbullen des Landes ausmachen, folgen hinsichtlich ihrer Blutlinienverteilung im allgemeinen der Gesamtverteilung im Lande Brandenburg. Junior- und Berthold-Bullen — vor allem aus Sachsen-Anhalt — wurden besonders gern importiert. Insgesamt betragen die Einfuhren aus Sachsen-Anhalt 11,5%, aus Mecklenburg 2,1% und aus Ostfriesland 1,0% der Gesamtbullenanzahl; die anderen Zuchtgebiete liegen unter 1,0%.

Bei der Einstufung in Zuchtwertklassen stehen die ostpreußischen, die holländisch-schwedischen Linien und die Prior-Bullen an der Spitze, während die Berthold- und JH-Bullen am Schluß rangieren. Der Söhne-Väter-Quotient liegt im allgemeinen bei 4,5 mit Ausnahme der Prior-Linie, wo er 18,8 beträgt.

6. Die Blutlinienverteilung in der KB wird besamungsbezirksweise (Wittenberge, Potsdam, Cottbus, Frankfurt, Templin-Prenzlau) dargestellt. Die Verteilung innerhalb der einzelnen Bereiche ist sehr unterschiedlich. In 4 Bezirken führt die Adema-Linie einschl. der sonstigen FRS-ASL-Linien, in Wittenberge allein mit 77,2%. An zweiter Stelle liegt in 4 Bezirken die Junior-Linie. Im Raum Templin-Prenzlau führt sie mit 51,8%.

Der Anteil der besamten Kühe beträgt im Durchschnitt von 1950 bis 1954 etwa 30%. Die Besamungsquote liegt im Bezirk Potsdam etwas niedriger, in den Bezirken Cottbus und Frankfurt und im Raum Templin-Prenzlau etwas höher. Eine genaue Berechnung der Besamungsquoten ist wegen der wechselnden Grenzen der Besamungsbezirke nicht möglich.

7. Die Analyse des Blutaufbaues der KB im Landesmaßstab ergibt, daß die holländisch-schwedischen Linien einschließlich Adema-Nachkommen mit 32,4% führen vor Junior mit 26,4% und Almerich mit 13,3%. Alle anderen Linien liegen unter 10%.

   Die Entwicklung der Blutlinien der KB zeigt ein starkes Ansteigen der holländisch-schwedischen Linien einschl. Adema-Nachkommen von 12,4% im Jahre 1950 bis 39,2% im Jahre 1954 auf Kosten aller anderen Linien.

8. Der Einfluß der KB auf den Blutaufbau der Landeszucht wird an Hand einer Formel entwickelt.

   Innerhalb der gesamten brandenburgischen Herdbuch- und Landeszucht einschl. KB ergibt sich folgende Rangordnung der Blutlinienverteilung: Junior-Linie 20,1%, Almerich-Linie 18,8%, holländisch-schwedische Linien einschl. Adema-Nachkommen 18,4%, Berthold-Linie 17,2%, Juwel-Linie 13,8%. Alle anderen Linien liegen unter 4%.

9. Die Zugehörigkeit der untersuchten Bullen zu den einzelnen Linien und Stämmen wird für die zum natürlichen Deckakt verwendeten Bullen kreis- und landesweise und für die Besamungsbullen besamungsbezirks- und landesweise durch Aufstellung ausführlicher Blutlinientafeln veranschaulicht. Daneben wurden 2 Blutlinienkarten von Brandenburg für die natürliche Bedeckung (Kreis- und Landesmaßstab) und die KB (Besamungs-Bezirks- und Landesmaßstab) entwickelt, in denen auch der Einfluß der KB auf den Blutaufbau bildlich dargestellt wird.

10. Die populationsgenetischen Voraussetzungen für die Analyse der Inzucht- und Verwandtschaftsverhältnisse in der brandenburgischen Rinderzucht werden unter Heranziehung der entsprechenden ausländischen Forschungsergebnisse erörtert.

    Der mittlere Inzuchtkoeffizient des Jahrganges 1955/56 in der brandenburgischen Rinderzucht beträgt 0,5442%. 80,5% der untersuchten Tiere sind nicht ingezüchtet. Der höchste Inzuchtkoeffizient eines Tieres beträgt 15,28%. Die Inzucht wird zu 98,9% durch männliche Ahnen hervorgerufen. Von den 12 600 Vorfahren der untersuchten Tiere tragen nur 0,2% zur Inzucht bei. Die 4 wichtigsten Tiere nach der Höhe ihrer Inzuchtbeiträge (Hannemann 1/785, Anton 1/1274, Jago 4/54, Leopold 1/1722) vereinigen auf sich 73% der Gesamtinzucht.

    Die durchschnittliche Inzuchtrate pro Generation liegt bei 0,13%. Sie ist ebenso groß wie sie KUTSAL beim schweizerischen Braunvieh fand und fast viermal kleiner als die von LAUPRECHT und DÖRING bei 92 ostfriesischen Angeldbullen des Jahres 1952 festgestellte Inzuchtrate.

Der durchschnittliche Inzuchtkoeffizient von 58 Jungbullen aus den alten, bekannten Herdbuchzuchten beträgt 1,42%, der Inzuchtkoeffizient der vorwiegend für die breite Landeszucht zur Verfügung stehenden übrigen Bullen beträgt 0,16%.

Die Aufschlüsselung der Inzuchtrate auf die einzelnen Generationen ergibt einen im Gegensatz zu den von LAUPRECHT und DÖRING in Ostfriesland festgestellten Verhältnissen relativ hohen Anteil der Inzucht in der Großelterngeneration. Das läßt auf eine weniger vorsichtige Verwendung der Inzucht als Zuchtmethode in Brandenburg schließen.

Der Vergleich der gefundenen Inzuchtrate mit der einer geschlossenen Herde zeigt, daß in einer abgeschlossenen Population von 93 Bullen und 8333 Kühen bei Zufallspaarung die gefundene Inzuchtrate erzeugt würde.

Der durchschnittliche Inzuchtkoeffizient der wichtigsten brandenburgischen Stammbullen beträgt 1,38% und ergibt eine signifikante Differenz zum Inzuchtkoeffizienten der Gesamtpopulation.

Der Inzuchtgrad in der brandenburgischen Rinderzucht kann, verglichen mit ähnlichen Untersuchungen anderer Autoren, als relativ niedrig angesehen werden.

11. Der mittlere kollaterale Verwandtschaftskoeffizient des Jahrgangs 1955/56 in der brandenburgischen Rinderzucht beträgt 1,3240%. Er entsteht durch 105 Verwandtschaftslinien von 36 männlichen und 4 weiblichen Tieren. Nur 0,16% der 25200 in den verglichenen Ahnentafeln möglichen Tiere tragen zur Verwandtschaft bei. $^4/_5$ der Verwandtschaftsbeiträge werden von 7 Bullen geliefert.

Die Verteilung der Verwandtschaftsbeiträge auf die einzelnen Generationen bestätigt, daß die Art der vorliegenden Verwandtschaft als Ausdruck einer auf die nächsten Ahnen eingestellten Verwandtschaftszucht anzusehen ist.

Der durchschnittliche kollaterale Verwandtschaftskoeffizient der zahlenmäßig bedeutendsten Stammbullen konnte mit 1,5477% bestimmt werden. Die Differenz zur Gesamtpopulation ist nur zufälliger Natur.

12. Die Frage des Einflusses der KB auf die Inzucht- und Verwandtschaftsverhältnisse in der HB- und Landeszucht wird vom populationsgenetischen Standpunkt aus erörtert. Aus der Formel $\frac{1}{8 \cdot M} + \frac{1}{8 \cdot F} =$ Inzuchtrate ergibt sich die Notwendigkeit der Untersuchung des Bullenbestandes. Auf Grund der Viehzählungsergebnisse aus den Jahren 1950—1954 läßt sich feststellen, daß der Bullenbestand in Brandenburg durch die KB seit 1950 um 18% zurückgegangen ist. Das Bullen-Kuh-Verhältnis in der natürlichen Bedeckung liegt unverändert bei 70, in der KB hat es sich von 275 im Jahre 1950 auf 1157 im Jahre 1954 erweitert. Der Anteil der KB ist in Brandenburg von 5,5% im Jahre 1950 auf 41,6% im Jahre 1954 angestiegen. Es wird nachgewiesen, daß ohne die Vergrößerung des Kuhbestandes um 29% der Bullenrückgang wenig unter 40% gelegen hätte.

Damit werden die Beobachtungen aus anderen Zuchtgebieten bestätigt, wonach der Rückgang des Bullenbestandes durch die KB bei einer Bedeckungsziffer von rd. 1000 Tieren je Bulle ungefähr voraus zu berechnen ist und jeweils nur wenige Prozent unter dem prozentualen Anteil der KB an der Gesamtbedeckung liegt. Voraussetzung ist die Konstanz der Bedeckungsziffer in der natürlichen Bedeckung, die auf Grund der festgestellten Beobachtungen auch in Brandenburg erhalten bleiben dürfte.

13. Zur Bestimmung des Einflusses der KB auf die HB-Zucht wurden repräsentative Populationen von je 200 Jungbullen der Jahrgänge 1949, 1953, 1955/56 miteinander verglichen. Sowohl die Inzuchtkoeffizienten als auch die Verwandtschaftskoeffizienten der drei untersuchten Populationen zeigen keine signifikanten Unterschiede, obwohl die Werte selbst — wie sämtliche in dieser Arbeit mitgeteilten Mittelwerte — biometrisch gut gesichert sind.

    Die Ergebnisse haben gezeigt, daß die KB in der brandenburgischen HB-Zucht bisher eine durch die erste oder zweite Ahnengeneration entstehende größere genetische Vereinheitlichung nicht bewirkt hat.

    Obwohl der Anteil der KB an der Bullenproduktion von 7% im Jahre 1950 auf 32,5% im Jahre 1956 angestiegen ist, konnte sogar eine Erhöhung der Väterzahl der Jungbullen festgestellt werden, von einer Genverarmung und einer Einschränkung der Selektionsbasis durch die KB kann also im gegenwärtigen Zeitpunkt nicht die Rede sein. Auch findet die Auffassung einer durch die KB hervorgerufenen Einschränkung der mütterlichen Basis infolge geringerer Beteiligung der Züchter an der Bullenaufzucht an Hand der vorliegenden Ergebnisse in Brandenburg keine Bestätigung.

    Es wird festgestellt, daß selbst bei fast 50% Anteil der KB in einem Zuchtgebiet in der HB-Zucht weder Inzucht noch Einschränkung der Selektionsmöglichkeiten einzutreten braucht, wenn die Züchter die Besamungsbullen ebenso überlegt und wechselweise zur Zuchtwahl heranziehen wie die übrigen Deckbullen, was durch genügend starke Besetzung der Besamungsstationen und Vornahme von vielseitigen Paarungskombinationen in der HB-Zucht gefördert werden kann.

14. Es wird die Auffassung dargelegt, daß bei entsprechender Zuchtplanung in der natürlichen Bedeckung und in der KB auch in der Landeszucht durch die KB keine unerwünschte Inzucht aufzutreten braucht. Die vorliegenden Untersuchungen beweisen jedoch, daß bisher von einer solchen Planung in Brandenburg wenig zu spüren ist. Der Gefahr einer zu engen Blutführung ist durch zu starke Verwendung von holländisch-schwedischen Bullen nicht aus dem Wege gegangen worden. Die größte Gefahr wird im Einsatz von Besamungssöhnen als Deck- oder — was noch schlimmer ist — als Besamungsbullen im Besamungsgebiet ihres Vaters gesehen. Durch erstmalige abstammungsmäßige Untersuchung der gesamten Vatertierhaltung eines Zuchtgebietes einschließlich der Nachzucht innerhalb eines

Jahrzehntes wurde festgestellt, daß in Brandenburg insgesamt 60% aller Deckbullen wieder in den Besamungsbereich ihres Vaters kommen. In rd. 25% der Fälle haben Verwandte ersten Grades im gleichen Besamungsbereich besamt, z. T. besamten engste Verwandte nacheinander in denselben Gebieten. Auf Grund dieser Erkenntnisse werden dringend entsprechende organisatorische Maßnahmen zur Anwendung planvoller Methoden des Bulleneinsatzes nach züchterischen Gesichtspunkten gefordert.

15. Aus den Ergebnissen der Arbeit werden die Schlußfolgerungen für die planvolle Lenkung der Vatertierhaltung gezogen. Zur Vermeidung von unerwünschter Inzucht und Bluteinengung wird insbesondere empfohlen: Genaue Abgrenzung der Besamungsbezirke, bessere Auswahl und Planung des Einsatzes der Besamungsbullen und Bildung von Blutliniengruppen unter Benutzung der Ergebnisse vorliegender Untersuchungen, Aufstellung von Paarungsplänen und Förderung möglichst vielseitiger Paarungskombinationen in der HB-Zucht, Verbesserung der Arbeit der Zuchtlenkungskommissionen, besondere Aufmerksamkeit beim Einsatz von Besamungssöhnen (Blutlinientafeln, Blutlinienkarten, Besamungsbullenregister), Kennzeichnung der Nachzucht von Besamungsbullen, Beschränkung der Erstbesamungszahl für ungeprüfte Jungbullen.

Im Interesse der Gesunderhaltung und Verbesserung der Zucht wird die Verwirklichung der in den Schlußfolgerungen aufgestellten Forderungen besonders angesichts der ständigen weiteren Ausbreitung der KB dringend empfohlen.

РЕЗЮМЕ

Для планомерного управления производителями при естественной случке и искусственном осеменении исследуются состав крови, инцухт и родство, а также их изменение вследствие влияния искуственного осеменения в бранденбургской зоне разведения чернопестрого низинного крупного рогатого скота.

Анализ линий крови примерно 90% всех племенных быков с 1948 г. при естественной случке в пределах отдельных районов показывает относительную выравненность с остфризскими линиями Альмерих, Ювель, Юниор и Бертольд во главе, которые 20 процентами представлены примерно в равной степени. При искусственном осеменении распределение в переделах отдельных районов осеменения весьма различное, причем в среднем по стране наибольшее распространение получили шведско-голландские линии 32,4% перед потомками Юниор (26,4%) и Альмерих (13,3%).

Средний коэффициент инцухта поколения 1955 56 гг согласно WRIGTH равняется 0,54% (доля инцухта 0,13%), а средний коллатеральный коэффициент 1,32%. Из сравнения коэффициента инцухта и родства различных поколений видно, что искусственное осеменение при разведении

племенного скота в Бранденбурге не вызвало существенной генетическохй унифкикции; обеднения генов и ограничения селекционной оазы не замечается. Однако, при селекционной работе по стране около 60% всех молодых оыков опять попали раион осеменения и случки своего отца. Подробно обсуждаются возможности и опасности усиления инцухта при недостаточном управлении использованием происводителей и рекомендуются соответствующие мероприятия для улучшения.

SUMMARY

To direct reasonably the management of sires in natural service and artificial insemination the blood composition, inbreeding, and relationship and their change by the influence of artificial insemination are investigated in the Brandenburg breeding area of the Black Pied Lowland cattle.

The analysis of the blood lines on the basis of approx. 90% of all bulls that have been used for breeding purposes since 1948 reveals concerning natural service a realtively balanced picture within the individual districts. The East Friesian lines Almerich, Juwel, Junior, and Berthold hold at about 20% almost equally the first place while the distribution in artificial insemination varies considerably within the individual insemination districts. As to the average of Brandenburg, the Swedish-Dutch lines were with 32,4% superior to Junior (26,4) and Almerich (13,3%) progenies.

The mean coefficient of inbreeding according to WRIGHT of the age group 1955/56 amounts to 0,54% (inbreeding rate 0,13%), the mean collaterale coefficient of relationship to 1,32%. The comparison of the coefficients of inbreeding and relationship of various age groups shows that artificial insemination has produced so far no greater genetical unification in the Brandenburg herdbook breeding. Likewise it could not be observed that genes have become poorer and that the basis of selection has been limited. In native breeding, however, about 60% of all young bulls have till now reentered the insemination or service district of their father.

Possibilities and danger of intensified inbreeding under imperfect direction as to the use of sires are discussed in detail and corresponding measures of improvement are recommended.

G. LITERATURVERZEICHNIS

(1) BUJATTI, P. G. u. F. DALGAS, Atti Congr. Allev. Razze Bovine a Duplice Attitudine d. Italia Centr. Florence. 1948, 161 (Zit. n. Lauprecht, s. d. 15).
(2) DASSAT, P., Atti I Riunione Internazionale di Medicina Veterinaria, di Torino. 1954. (Zit. n. Lauprecht, s. d. 15).
(3) DIRKS, G., Die wichtigsten Blutlinien des Jeverländer Rindes. Arb. d. Dtsch. Ges. f. Züchtungskd. H. 57, Schaper-Verl. Hannover 1933.
(4) EIBL, K., Die künstliche Besamung und die Herdbuchzucht. Zuchthyg., Fortpflanzungsstör. u. Bes. d. Haust. 1, 1957, 8.
(5) ENGELER, W. u. P. INDERMÜHLE, Untersuchungen über die Inzucht- und Verwandtschaftsverhältnisse und ihre züchterischen Auswirkungen in Hochzuchtgenossenschaften des schweizerischen Braunviehs. Landw. Jb. d. Schweiz. Bern 1944.
(6) ENGELHARD, J., Grundlagen für den Aufbau einer leistungsfähigen Zucht des schwarzbunten Tieflandrindes in Mecklenburg. Dtsch. Bauern-Verl. Berlin 1953.
(7) GAZDER, P. J., The genetic history of the arabian horse in the United States. J. Hered. 45, 1954, 95.
(8) HARING, F., R. GRUHN u. O. SAENGER, Die fünfprozentige Niederungskuh — ein Ergebnis von Umwelt und Zuchtwahl. Züchtungskd. 25, 1954, 150 u. 208.
(9) JOHANNSON, I., Veredelungsarbeit am Milchvieh mit Hilfe der künstlichen Besamung. Züchtungskd. 24, 1953, 97.
(10) KÖPPE, A., Die wichtigsten Blutlinien des ostfriesischen schwarzbunten und rotbunten Rindes. Arb. d. Dtsch. Ges. f. Züchtungskd. H. 56. Schaper-Verl. Hannover 1933.
(11) KÖPPE, A., Ostfrieslands Rinderzucht zwischen zwei Weltkriegen. Verl. d. Vereins Ostfries. Stammviehzüchter e. V., Norden 1946.
(12) KÖPPE, A., Ostfrieslands Elite. Verl. d. Vereins Ostfries. Stammviehzüchter e. V., Norden 1953.
(13) KUTSAL, A., Untersuchungen über die Inzucht- und Verwandtschaftsverhältnisse und das Generationsintervall beim schweizerischen Braunvieh. Ztschr. f. Tierz. u. Züchtungsbiol. 63, 1954, 265.
(14) LAUPRECHT, E. u. H. DÖRING, Der Inzuchtgrad der ostfriesischen Angeldbullen des Jahres 1952. Züchtungskd. 26, 1954, 1.
(15) LAUPRECHT, E. u. E. WALTER, Bericht über Arbeiten aus dem Gebiet der allgemeinen Tierzucht. I. Erblichkeitsanteil, Selektion und Inzucht. Züchtungskd. 28, 1956, 45.
(16) LUSH, J. L., Animal Breeding Planes. 3. Aufl. Iowa State College Press. Ames. 1945.
(17) MUDRA, A., Einführung in die Methodik der Feldversuche. S. Hirzel-Verl. Leipzig 1922.

(18) OSTERCAMP, B., Versuch einer geschichtlichen Darstellung der Entwicklung der schwarzbunten Niederungs-Zuchten Deutschlands mit besonderer Berücksichtigung des Anteils der Ostfriesen. Diss. Berlin 1933.
(19) OTT, F., Die Auswirkung der Besamung auf den Bullenbestand in der Landes- und Herdbuchzucht und auf die Aufzucht von Jungbullen. Züchtungskd. 28, 1956, 60.
(20) PASSERINI, G., Atti Congr. Allev. Razze Bovine a Duplice Attitudine d. Italia Centr. Florence. 1948. 141. (Zit. n. Lauprecht, s. d. 15).
(21) PETERS, J., Bullenregister der Ostpreußischen Holländer Herdbuch-Gesellschaft. Bd. 4. Königsberg 1927.
(22) PLANK, C. M. v. d., Tijdschr. Diergeneesk. 73, 1948, 302 (Zit. n. Lauprecht, s. d. 15).
(23) RAGAB, M. T., A. A. ASKER u. S. F. SHIMY, Fac. Agric. Fouad I. Univ. (Cairo). Bull. No. 12, 1952 (Zit. n. Lauprecht, s. d. 15).
(24) ROBERTSON, A. u. A. A. ASKER, Emp. J. Exp. Agric. 19, 1951, 113 (Zit. n. Lauprecht, s. d. 15).
(25) ROBERTSON, A. u. I. L. MASON, A genetic analysis of the red danish breed of cattle. Acta Agric. scand. 4, 1954, 257.
(26) SAENGER, O. u. H. FRIEDRICH, Die bedeutendsten männlichen Blutlinien des schwarzbunten Tieflandrindes in Sachsen-Anhalt und ihre Leistungsvererbung. Dtsch. Bauern-Verl. Berlin 1953.
(27) SCHIMMELPFENNIG, K., 75 Jahre Oldenburger Herdbuchzucht. Bd. 1. Verl. d. Oldenburger Herdbuch-Gesellschaft e. V., Oldenburg 1955.
(28) SCIUCHETTI, A., Ein Beitrag zur genetischen Analyse der schweizerischen Braunviehrasse. Jul. Klaus-Archiv. Bd. X. Zürich 1935.
(29) SELL, P., Zuchtplanung in der Rinderbesamung. Der Tierzüchter 7, 1955, 282.
(30) STAHL, W., Haustiergenetische Forschung und Leistung der Tierzucht. Wiss. Festvortrag. Wiss. Ztschr. d. Humboldt-Univ. Berlin. Math.-naturwiss. Reihe. Jg. VI, 1956/57, Nr. 1.
(31) STAHL, W. u. D. FLADE, Über den Blutaufbau der brandenburgischen Herdbuch- und Landesrinderzucht als Grundlage einer planvollen Lenkung der Vatertierhaltung. Tierzucht 10, 1956, 397.
(32) STONAKER, H. H., J. Hered. 42, 1951, 207. (Zit. n. Lauprecht, s. d. 15).
(33) WEBER, E., Grundriß der biologischen Statistik. II. Aufl. G. Fischer-Verl. Jena 1956.
(34) WINNIGSTEDT, R., Das Problem der Rinderbesamung. Der Tierzüchter 5, 1953, 605.
(35) WITT, M., Durchführung von Zuchtplänen bei der künstlichen Besamung. Züchtungskd. 25, 1954, 45.
(36) ZIRPEL, F., Untersuchungen über den Erbwert von Besamungsbullen der Adema 22231-Blutlinie. Diss. Berlin 1954.
(37) Zuchtunterlagen und Herdbücher der Tierzuchtinspektionen Potsdam, Halle, Dresden und Schwerin.

H. ANHANG

Brandenburgisches Besamungsbullenregister

Alphabetisches Verzeichnis derjenigen Besamungsbullen, die in den Jahren 1948 bis 1954 auf brandenburgischen Besamungsstationen gestanden haben und von 1950—1954 insgesamt mindestens 10 Erstbesamungen aufzuweisen haben.

Bulle	Geb.-Jahr	Blutl./Stamm	Besamungs-bereich	Bes.-Zeitraum	Gesamt-Erstbes.
Adalbert 3/257	1951	IV/3	V	ab 52	3426
Adam 1/1883	1951	IV/3	I	ab 53	1194
Adebar 10/81	1946	XI/12	III(II)	49—51	1453
Adel 10/198	1949	III/9	III, I	51—52	116
Adler 2/2370	1951	VII/2	II	ab 52	2247
Admiral LMR 4045		IV/3	I	53	112
Adonis 2/2179	1949	IX/1	II, IV	50—54	1662
Afgan 1/1752	1950	X	I	ab 52	3196
Agent 8/1095	1950	II/3	III, II	51—54	1961
Ajax 1/1778	1952	X	I, IV	ab 53	3482
Alarm 4/311	1952	III/16	IV	ab 54	1042
Albert 2/2177	1947	III/16	IV	50—51	436
Albino 2/2483	1952	IX/1	II	ab 53	1520
Alchimist 10/200	1950	III/9	III	51—53	2545
Alfons 1/1601	1949	IX/1	IV, I, II, III	50—53	5696
Alfred 2/2027	1947	III/16	IV	50—52	1832
Alfred 8/842	1946	IV/3	III, IV	50—54	3621
Altmann 10/386	1952	III/21	III	ab 54	933
Amboß 10/76	1948	II/3	III	50—51	789
Amboß 10/373	1951	III/10	III	ab 52	2148
Anker 2/1970	1946	IV/3	I	51—53	1638
Anstich 2/1632	1943	IV/3	IV	49—51	1686
Antjes Athlet 10/387	1953	X	III	ab 54	357
Anton 1/1593	1950	III/9	I, III	51—53	1187
Anton 2/2020	1947	I/3	IV, III	51—54	3065
Anton 2/2051	1947	III/16	III	ab 51	5710
Anton 4/75	1948	IV/2	IV	ab 49	8980
Anton 8/861	1947	III/21	IV	51—53	3628
Aral LMR 5319	1947	V/3	V	ab 53	2284
Argo 10/399	1952	V/3	III	ab 53	1774
Arko 10/400	1952	V/3	III	ab 53	3326
Arnim 8/1061	1946	III/22	II	50—54	4554
Arno 4/26	1946	IV/2	V	50—52	1982
Arnold 10/82	1948	V/L	III	50	227
Assar Pytje 1/1753	1951	IX/1	I	ab 52	5816
Astorius 2/2505	1953	III/16	II	ab 54	78
Astronom 8/1225	1950	IV/3	II	ab 53	1617
Aufbau 2/2170	1948	III/9	IV	50—53	3631
Axel 10/388	1953	III/16	III	ab 54	818
Baldur 2/2620	1953	V/3	II	ab 54	123
Baldur K 1/59465	1951	V/3	IV	52—53	219
Bastard Rikus 4/308	1953	X	IV	ab 54	318
Bedo 2/2344	1950	IX/1	II	ab 52	6873
Bel-Ami 8/1194	1952	IX/1	II	ab 53	1530

Bulle	Geb.-Jahr	Blutl./Stamm	Besamungs-bereich	Bes.-Zeitraum	Gesamt-Erstbes.
Bengt Zylster 2/2575	1952	X	II	ab 53	1650
Berndt 2/2168	1949	IV/3	V, IV	50—54	6835
Bertus 2/1973	1946	IV/3	V	ab 50	8011
Bismark 2/2502	1949	V/5	II	ab 54	167
Bolero 2/1817	1946	IV/3	II	50—54	2319
Butterick 4/306	1952	X	II	ab 53	3149
David 10/379	1950	IV/3	III	ab 54	382
Depping 8/801	1946	XII	III	ab 51	7963
Diamant 4/322	1953	X	IV	ab 54	289
Diamant 10/442	1947	IV/3	IV	51	21
Diamant PS 16774	1943	IV/3	II	ab 53	1324
Dietrich K 56/3466	1947	IV/3	II	52	37
Diplomat 10/210	1949	IV/3	III	50—54	3706
Dolter 8/870	1947	IV/2	V	52—54	5010
Donar 1/1356	1947	IV/3	III	52—54	3945
Dorn 8/1196	1952	XII	II	53—54	346
Drilling 8/1118	1951	XII	II	52—54	1573
Echo 10/389	1948	II/3	III	ab 54	1227
Eduard 2/1816	1946	I/3	IV	52—53	2639
Egon 2/2033	1947	III/16	IV	ab 52	7480
Ehrwald 4/309	1953	III/16	IV	ab 54	971
Elch 4/300	1949	IV/3	IV	ab 53	1863
Erich 1/1847	1947	IV/2	IV	50	10
Erich 8/888	1947	IV/3	III	51	141
Ewald LMR 9155	1953	V/3	V	54	125
Fafnir 8/1063	1949	II/3	II	50—53	3275
Fedor 10/380	1948	II/3	III	ab 53	1539
Felix 8/1131	1951	II/5	II	52—54	564
Fietje 4/47	1947	I/3	IV	50—51	624
Findling K 237973 OH		X	I	54	20
Florentiner 2/1972	1946	III/20	IV	50—51	404
Florian LMR 7019	1951	II/3	V	ab 54	182
Fox-Flamingo 2/2373	1952	X	II	ab 53	1815
Franz 10/401	1949	II/5	III	ab 53	2631
Fred 10/28	1948	IV/2	III, IV	49—52	4516
Freier 1/1882	1949	IX/1	I	53—54	1029
Freiherr 1/798	1940	II/3	I, III	50—51	291
Freiherr 10/479	1947	V/3	III	49—51	2010
Freiherr K 1/60286	1952	VII/2	II	53	80
Fresko LMR 7874	1952	IX/1	V	ab 54	72
Geobald 1/1227	1946	III/17	IV	51—52	1086
Gerd 2/2028	1947	I/3	II	49—51	426
Gerd 2/2343	1951	X	II	ab 52	7507
Gero 8/718	1945	III/20	II	51—52	524
Gerold 8/985	1949	V/3	III	ab 52	3209
Granit 4/164	1949	XII	IV	50—54	7901
Gregor 4/238	1952	III/16	II, IV	53—54	1477
Gustav 8/591	1943	I/3	III	51	1127
Hagel-Rikus 10/402	1951	X	III	ab 53	2893

Bulle	Geb.-Jahr	Blutl./Stamm	Besamungsbereich	Bes.-Zeitraum	Gesamt-Erstbes.
Hellwig 2/2173	1948	II/2	IV	49—51	202
Herbert 10/363	1945	V/3	III	49—51	1049
Heros 10/231	1952	IV/3	III	ab 53	1656
Hoogards Orkan 1/1885	1950	IX/1	I	ab 53	2146
Hubert 10/80	1948	II/3	III	49—51	1319
Indus 2/2175	1948	II/3	IV, II, III	49—53	1322
Ingo 10/67	1948	IV/3	IV	50—51	782
Ingo 10/381	1952	III/16	III	ab 53	1693
Jago 4/54	1946	IX/1	I, II	50—54	4267
Jaro 2/2485	1952	V/6	II	ab 53	1395
Jochen 4/307	1953	III/16	IV	ab 54	908
Jockel 1/1779	1951	IV/3	I	ab 53	2833
Jodler 4/160	1950	IV/3	IV	ab 51	7446
Jolan 4/215	1950	IX/1	IV	ab 52	6454
Jonas 2/2372	1952	IV/3	II	53—54	2501
Josef 10/457	1946	V/6	III	49—50	324
Jubilar 10/403	1949	IV/3	III	ab 54	1617
Jumbo 1/1279	1946	IV/2	I, III, I	50—54	4138
Jumbo 4/288	1953	IV/3	IV	ab 54	42
Justus 2/1980	1946	IX/1	IV	49—51	475
Justus 3/256	1952	IV/3	V	ab 53	2610
Karbot 10/382	1952	X	III	ab 53	885
Kilian 10/390	1952	I/3	III	ab 53	1625
Kobold 8/1133	1952	I/3	III	53—54	668
Kobus 2/1986	1946	IV/3	II	50—52	1065
Kogel 8/1193	1952	I/3	II, III	ab 53	924
Kurt 2/1971	1946	III/9	II, I	50—53	2061
Landherr 10/78	1948	II/3	III	49—54	5164
Lasso 4/161	1950	III/9	IV	51—53	4611
Lenz 2/1966	1945	IX/7	IV	53	389
Lenz LMR 8797	1952	V/6	V	53—54	40
Leu LMR 5931	1949	IX/1	V	ab 54	271
Lindberg 10/383	1952	X	III	ab 53	807
Lord 1/1612	1948	II/2	III	ab 52	1918
Lord 10/364	1945	V/3	IV, III	49—52	5002
Lord LMR 5616	1948	IX/1	V	50—51	12
Lorenz 3/200	1950	I/3	V	51—54	5050
Lothar 1/1665	1950	II/3	I, II	51—52	55
Lothar 2/2484	1952	XIII	II	ab 53	1005
Ludwig 1/1444	1949	V/3	III	ab 53	2503
Lütolio 4/66	1946	XII	IV	49—50	112
Lux 1/1382	1947	V/3	IV, V, IV	49—54	4646
Maat 1/1884	1953	IV/3	I	54	295
Major 8/1116	1952	X	II	53—54	1546
Manfred 1/1310	1947	IV/3	V	ab 50	12029
Markgraf 2/2172	1946	IV/3	IV	49—51	238
Mars 10/404	1949	V/3	III	ab 54	848
Matador 1/1845	1952	III/16	I	ab 53	1423

Bulle	Geb.-Jahr	Blutl./Stamm	Besamungs-bereich	Bes.-Zeitraum	Gesamt-Erstbes.
Max 4/53	1946	X	II, IV	49—53	4306
Mensing 4/52	1947	X	IV	49—53	5038
Mentor 1/1484	1946	XIII	III	49—51	2416
Merkur 1/1324	1946	I/3	IV, V	ab 49	7966
Milan 4/304	1950	II/1	IV	ab 54	987
Nimbus 2/2374	1942	IX/1	IV	ab 53	1258
Nordland 2/2371	1952	V/3	II	ab 53	2087
Nordpol 10/384	1952	V/3	III	ab 53	2096
Orlando 2/2172	1948	XII	IV	49—51	1282
Ortwin 10/385	1952	X	III	ab 53	1123
Ott 8/834	1946	XII	III, IV	50—54	4628
Peter 1/1408	1946	II/3	I	50—51	114
Pilot 10/391	1952	III/16	III	ab 53	1586
Pintos Koonier 1/1988	1953	X	I	ab 54	48
Poelster August LMR 9193	1951	X	I	54	100
Prior 4/216	1950	IX/1	IV	ab 52	6035
Quick 4/233	1952	II/3	IV	ab 53	2045
Quintaner 8/1094	1951	II/3	II	ab 52	2062
Quitzow 10/199	1949	II/3	III, IV	50—53	3901
Radbod 8/1046	1948	IX/12	IV, II, III	ab 51	4195
Rebell 3/180	1950	IV/1	V	51—52	1950
Rebell 8/1080	1950	V/5	II	52—53	311
Recke 2/2174	1949	VII/2	II, IV, II	50—53	2421
Regent 3/231	1951	IX/1	V	ab 52	8016
Reichbach 4/241	1952	VII/2	IV	ab 53	2767
Reiter 10/405	1952	IV/1	IV, III	ab 53	1838
Remus 2/2558	1953	IV/1	II	ab 54	406
Remus 10/392	1951	IV/1	III	ab 52	1115
Republikaner 8/1132	1952	IV/1	II	ab 53	1647
Richter 2/2481	1953	III/9	II	ab 54	764
Roland 4/243	1951	IV/1	II	ab 52	3663
Rolf 10/77	1948	IX/1	II, III	49—54	5105
Rost 2/2486	1949	IV/1	II	ab 53	2716
Rubin 4/232	1951	IV/1	IV	ab 52	4524
Rübezahl 4/217	1951	IV/1	IV	52—54	2885
Schildhorn 2/2169	1948	V/3	V	49—52	1121
Siegfried 2/2215	1948	IV/2	III, IV	52—54	3383
Siglist 2/2554	1953	IX/12	II	ab 54	560
Sultan 1/1164	1946	V/3	II	49—51	613
Tambour 2/2307	1949	IX/1	II, I	ab 50	5787
Tatar 1/1696	1950	IX/1	III	ab 51	3346
Tensor 8/1195	1952	X	II	ab 54	294
Thor 8/621	1944	V/3	IV, III	49—52	3107
Titus 1/1666	1950	IX/1	I	51—52	1069
Tjanko 4/242	1951	IX/1	IV	ab 53	2234
Tjisko 2/2012	1945	IX/1	I, II, IV	49—54	5862
Tobel 10/79	1947	V/3	II, III	49—50	537
Tom 10/448	1947	X	IV	ab 50	8505

Bulle	Geb.-Jahr	Blutl./ Stamm	Besamungs-bereich	Bes.-Zeitraum	Gesamt-Erstbes.
Torero 10/256	1950	IX/1	III	ab 51	4145
Tourist 4/159	1949	IX/1	IV, V	ab 50	6469
Tribut 10/201	1950	IX/1	III	51—54	5013
Ulenspiegel 8/850	1947	IV/3	III	50—52	1454
Virchow 2/2002	1946	III/8	V	49—51	551
Vulkan 2/1925	1946	IX/10	II	50—54	2370
Waidmann 2/2482	1952	IV/2	II	53	725
Waldow 1/1504	1949	III/16	IV, III	52—54	3024
Wallert 8/789	1946	XII	IV, V, IV	51—53	1073
Walter 7/852	1943	III/9	IV	50—52	1180
Weibel 8/901	1947	III/9	III	52—53	2813
Wilhelm 10/393	1952	IX/3	III	ab 53	1711
Wilhelm-Juwel 10/394	1952	X/3	III	ab 53	1497
Wilhelm LMR 8340	1952	IX/11	V	53—54	2024
Xeldon 2/2122	1948	III/3	II	50—51	527
Zerban 4/310	1952	X	IV	ab 53	2178
Zobel 1/1697	1950	III/3	I, III	ab 51	2297

Nicht berücksichtigt in dieser Aufstellung sind solche Besamungsbullen, die nicht auf brandenburgischen Stationen gestanden haben, sondern lediglich von außerhalb des Landes in ganz geringem Umfange und stets nur für kurze Zeit Sperma nach Brandenburg geliefert haben, sowie solche Bullen, für die vorstehende Angaben wegen fehlender Unterlagen nicht mehr zu beschaffen waren. Die Zahl der Erstbesamungen dieser Bullen liegt unter 0,2% der Gesamterstbesamungen. Andererseits wurden bei einigen Bullen erst nachträglich bekannt gewordene Erstbesamungen mitberücksichtigt, die für die Blutlinienanalyse nicht herangezogen werden konnten, die Zahl dieser Erstbesamungen liegt unter 0,8% der Gesamterstbesamungen.

Die Differenz der Summe vorstehender Erstbesamungen im Besamungsbullenregister zur Gesamtzahl der für die Blutlinienanalyse verwendeten Erstbesamungen ist demnach mit 0,6% völlig unerheblich.

Erklärung der Abkürzungen

LKR = Brandenburgisches Herdbuch
PS = Sächsisch-anhaltinisches Herdbuch
LMR = Mecklenburgisches Herdbuch
SHG = Sächsisches Herdbuch
OSt = Verein Ostfriesischer Stammviehzüchter
OH = Oldenburger Herdbuchgesellschaft
LHB = Lüneburger Herdbuchgesellschaft
WH = Westfälische Herdbuchgesellschaft
JH = Jeverländer Herdbuch
StH = Stader Herdbuchgesellschaft
OPH = Ostpreußisches Herdbuch
WPH = Westpreußisches Herdbuch
ASL = Schwedisches Herdbuch
FRS = Holländer Herdbuchgesellschaft
Dä = Dänisches Herdbuch
HB = Herdbuch
ZVA = Zuchtviehabsatzveranstaltung
KB = Künstliche Besamung

Blutlinien:
I = General OSt (II) 20509-Linie
II = Juwel OSt (II) 25486-Linie
III = Almerich OSt (II) 45100-Linie
IV = Junior OSt 19300-Linie
V = Berthold OSt 23174-Linie
VI = Bussard OSt (II) 21814-Linie
VII = Prior OSt (I) 21809-Linie
VIIIa = Nero OSt 1672-Linie
VIIIb = Mozart PS 4622-Linie
IX = Adema FRS (I) 22231-Linie
X = sonstige holländisch-schwedische Linien
XI = Jeverländer Linien
XII = Oldenburgische Linien
XIIIa = Ostpreußische Linien
XIIIb = Westpreußische Linien
XIV = sonstige Linien

Die Bezeichnung der Stämme innerhalb der einzelnen Blutlinien ist aus der beigelegten Blutlinienkarte zu ersehen.

Besamungsbereiche:
I = Besamungsbezirk Wittenberge
II = „ Potsdam
III = „ Cottbus
IV = „ Frankfurt/Oder
V = „ Templin-Prenzlau

Karteikartenmuster

Nr. d. ZVA	Kat.-Nr.	Name des Bullen	Kälber-Nr.	geb.

Züchter: ....

Besitzer: ....

Vater	
Mutter	

L P	
L N	
F N	
Z W	
Gewicht	
Erlös	

Käufer: ....

Ort: ....

Kreis: .... Bez.: ....

Bestell-Nr. 742 10734 S VLV Erfurt Ag 140/Vb (87/10) 510472

PAARUNGSÜBERSICHT (Auszug)

Urgroßeltern	Großeltern	Väter	Derzeitige Besamungsbullen								
der weiblichen Tiere			Anker	Elwin	Oleander	Onno	Anton	Martin	Fokko	Hapag	Leopold
Wolfram Cosima Varro Nelli	Derflinger Erika	Kurt 22 944				Tonius 5/4+3×5					
Bandit Agathe Sango Ina	Carol Dally	Heiderich 19 870	?	!	?		!				
Alfons Dora Marius Alma	Ast Agathe	Anker 26 563	X	Almerich 5/4 Feko 5/4+4 Felix 6/3	Ast 3/3 Haus- knecht 5/5		Alfons 4/4 Haus- knecht 5/5	Almerich 5/5 Feko 5/5	Almerich 5/3+5 Feko 5/4+4	Feko 5/4 Almerich 5/5	
Bernd Astoria Altgold Ella	Allerletzter Ena	Ewald 27 790									Maikönig 5/4
Allex Harmke Felix Ella	Abt Elvira	Elwin 28 924	Almerich 5/4 Feko 5+5/4 Felix4/5	X	Allex 4/5 Almerich 5/5		Felix 4/5+5 Almerich 5/5	Abt 3/5 Allex 4/4+5 Feko 5+5/5	Allex 4/4 Almerich 5/3 Felix 4/4 Feko 5+5/4+4	Harmke 4/3 Allex 4/4 Feko 5/4	
Albatros Oberin Ast Luna	Oberon Laura	Oleander 28 925	Ast 4/2 Haus- knecht 6/4	Allex 6/3 Almerich 6/4	X		Alfons 5/4	Alba 5/4 Juwel 5/5	Alba 5/3 Almerich 6/3 Juwel 5/5	Alba 5/3 Juwel 5/3+5	
Hiob Comtesse Hiob Jutta	Mac Olga	Onno 27 900				X		Minna 6+6/4			
Matador Thusnelda Ansbach Linolde	Theodor Lieschen	LieberTheo 28 926	Almerich 5/4	Almerich 5/4 Felix 6/3	Almerich 5/5		Almerich 5/5	Magda- lena 5/4 Almerich 5/5	Almerich 5/3+5	Almerich 5/5	Liliput 5/5 Madk 5/5 Maikönig 6/4
Aller Mentje Feldherr Karla	Althof Karola	Anton 29 770	Alfons 5/3 Haus- knecht 6/4	Felix 6+6/3 Almerich 6/4	Alfons 5/4		X		Almerich 6/3 Felix 6+6/4		
Monarch Mannette Arnold Paula	Meteor Palme	Martin 29 870	Almerich 6/4	Abt 6/2 Allex 5+6/3 Feko 6/4+4	Alba 5/4 Allex 5/5 Juwel 6/4	Minna 5/5+5		X	Arnold 4/2 Allex 5/4 Almerich 6/3 Feko 6/4	Alba 5/3 Allex 5/4 Juwel 6/3 Feko 6/4	
Alba Dichterin Almerich Amsel	Arnold Alfa	Fokko 30 550	Almerich 4+6/4 Feko 5+5/4	Allex 5/3 Almerich 4/4 Felix 5/3 Feko 5+5/4+4	Alba 4/4 Almerich 4/5 Juwel 6/4		Almerich 4/5 Felix 5+5/5	Arnold 3/3 Allex 5/4 Almerich 4/5 Feko 5/5	X	Alba 4/3 Almerich 4/5 Feko 5+5/4	
Alba Harmke Juwel Diana	Harm Dienerin	Hapag 27 660	Feko 5/4 Almerich 6/4	Harmke 4/3 Allex 5/3 Feko 5/4	Alba 4/4 Juwel 4/4			Alba 4/4 Allex 5/4 Juwel 4/5 Feko 5/5	Alba 4/3 Juwel 4/5 Feko 5/4+4	X	

In vier Generationen des Vaters und Muttervaters keine gemeinsamen Ahnen

Mäßige Verwandtschaftszucht
In der Regel vertretbar!
← Im Original: gelb

Weite Verwandtschaftszucht
Allgemein übliche Paarung - Blutanschluß!
← Im Original: grün

Engere Verwandtschaftszucht
In der Regel nicht erwünscht, spezielle Überlegung notwendig!
← Im Original: rot

X — Engste Verwandtschaftszucht
Inzestzucht (Vater-Tochter-Paarung, Geschwister- [Halbgeschw.-] Paarung).
Nur in speziellen Fällen!

! — Paarung zu empfehlen

? — Paarung nicht zu empfehlen

In der Paarungsübersicht ist das zu erwartende Produkt hinsichtlich des Verwandtschaftsgrades durch das im Schnittpunkt der waagerechten Linie (Vater des zu besamenden weiblichen Tieres) und der senkrechten Linie (Besamungsbulle) liegende Quadrat dargestellt. Die gleichen Ahnen sind hier mit Generationsangaben (links des Schrägstriches — mütterlicherseits; rechts des Schrägstriches — väterlicherseits) angegeben.

(nach Sell, aus „Der Tierzüchter", 7, 1955, 282.)

BLUTAUFBAU DER BRANDENBURGISCHEN SCHWARZBUNTZUCHT

(Zusammenhang derjenigen Stämme und Linien, die auf Matador, Enzian und Adema zurückgehen)

═══ = Linie

········ = Stamm

[12] 1. = Zahl der in den betr. Stamm bei der Blutlinienanalyse eingeordneten Bullen (ohne KB), hinter der Klammer Nr. des betr. Stammes

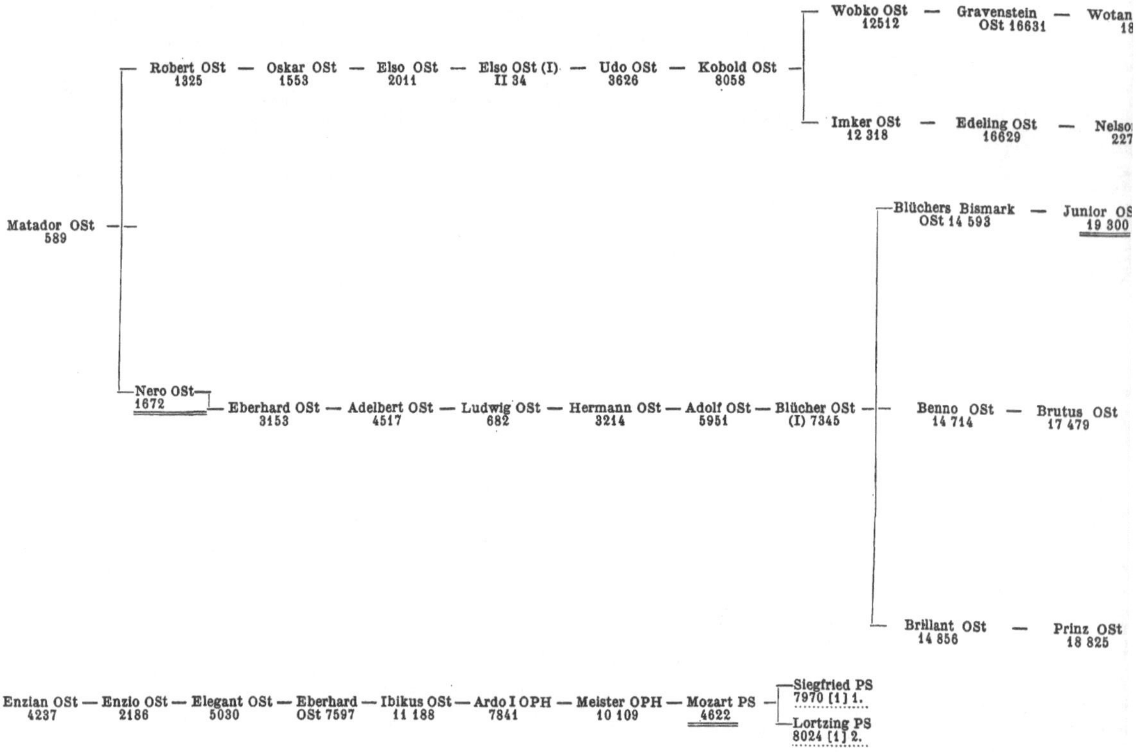

General OSt (II) 20509 — Nero OSt 25764 [3] 1. — Genosse OSt 25767 [3] 2. — Gessler OSt 26940 [226] 3.

Juwel OSt (II) 25486 — Quintus Udo OSt 26 983 — Quirinal OSt (II) 27 882 [4] 6. — Quintus OSt 28 825 [25] 7.

Kobold OSt (II) 29 755 — Quapp OSt 29 757 [9] 5.

Ajax OSt (II) 32 367 — Graf Kobold OSt 32 370 [815] 3. — Knud OSt 34 000 [24] 4.

Emmas Ajax OSt 35 522 — Alges Ast OSt 3 8438 [45] 1.

Tom OSt (II) 37 286 [264] 2.

Feko OSt (I) 39 262 — Felix OSt 42 550 — Almerich OSt (II) 45 100

—Altist 1/421 [4] 1.
—Albert 1/667 [39] 2.
—Amtmann 2/1326 [8] 3.
—Adelbert 3/945 [6] 4.
—Salpeter 9/200 [10] 5.
—Bettler OSt 48 500 [1] 6.
—Adelrich OSt 48 546 [1] 7.
—Anker OSt 49 063 [—] 8.
—Alfons OSt (II) 50 100 [243] 9.
—Altgold OSt 50 200 [123] 10.
—Amor OSt 50 250 [9] 11.
—Ebbel OSt 50 510 [3] 12.
—Amos OSt 50 750 [8] 13.
—Ansturm OSt 50 969 [3] 14.
—Amandus OSt 51 000 [1] 15.
—Allex OSt (I) 51 550 [850] 16.
—Ansbach OSt 51 600 [12] 17.
—Aribert OSt 51 80o [8] 18.
—Alfons OSt 52 320 [1] 19.
—Artur OSt 54 800 [25] 20.
—Alwin OSt 54 967 [27] 21.
—Astrologe OSt 55 250 [2] 22.
—Astrologe OH 17 673 [7] 23.
—Arno OH 19 940 [4] 24.
—Zeus WH 15 571 [1] 25.
—Albert PS 15 692 [52] 26.
—Adelbert SHG 4740 [3] 27.
—Allah LMR 5327 [5] 28.

x OSt 24 495 [229] 1.

lor OSt 26 947 [284] 2.

Jude OSt 895 — Marius OSt 29 157 — Rex OSt 31 883 — Judäer OSt 39 259 — Astor OSt (II) 40 867 [748] 3.

sard OSt 21 814

thold OSt 23 174 —
—Mangold OSt 25 753 [9o] 1.
—Bernhard OSt 28 319 [66] 2.
—Bernhard OSt (II) 29 922 [1086] 3.
—Berthold OSt (II) 30 513 [4] 4.
—Bertholds Nachfolger OSt 33 004 [61] 5.
—Jelto OSt 33 717 [76] 6.
—Borusse OSt 34 149 [69] 7.
—Immo JH 78 516 [22] 8.

Prior OSt (I) 21 809 — Junus OSt 24 871 [3] 1. — Primus OSt (II) 26 945 [181] 2.

Ademas Athlet FRS 18 301 — Hiltjes Adema FRS 19 939 — Adema FRS (I) 22 231

—Bontjes Adema FRS (II) 24 674 (Abbo OSt 50 500) [628] 1.
—Arnold FRS 25 351 [9] 2.
—Adema FRS 25 437 [9] 3.
—Alardus FRS 25 445 [12] 4.
—Hiltjes Adema FRS 25 553 [8] 5.
—Hantje FRS 26 114 [1] 6.
—Eduard FRS 26 752 [23] 7.
—Keizer FRS 26 878 [10] 8.
—David FRS 26 956 [1] 9.
—Bernard FRS 27 067 [12] 10.
—Thomas FRS 27 787 [2] 11.
—Sil FRS 27 987 [13] 12.
—Juweeltjes Adema LMR 1272 [-] 13.

Der Blutaufbau in der brandenburgischen Herdbuch- und Ländesrinderzucht (1944–1954)

Tafel 1: Blutaufbau in den Kreisen (ohne künstliche Besamung).

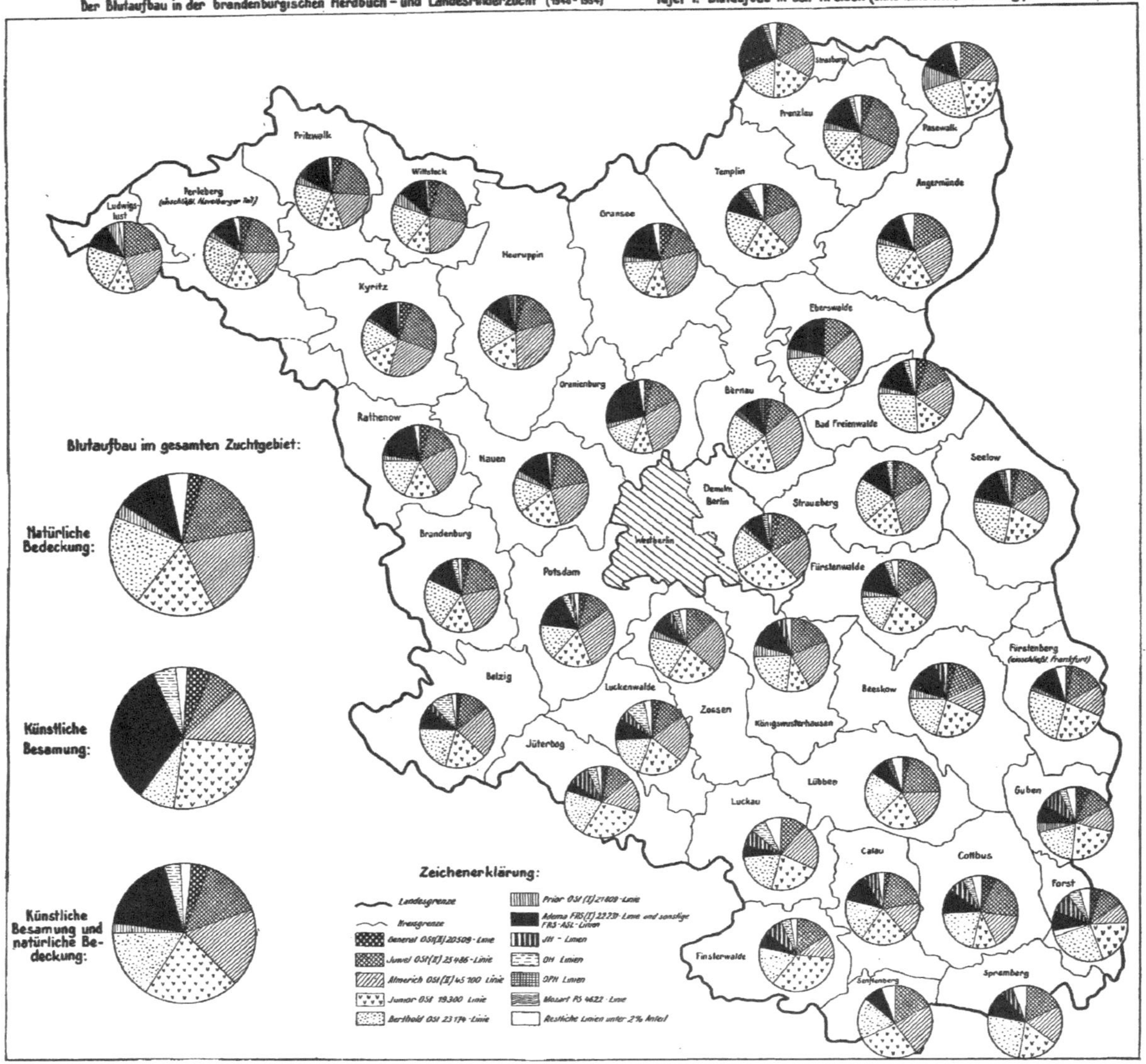

Der Blutaufbau in der brandenburgischen Herdbuch- und Landesrinderzucht (1948-1954). Tafel 2: Blutaufbau in der künstlichen Besamung

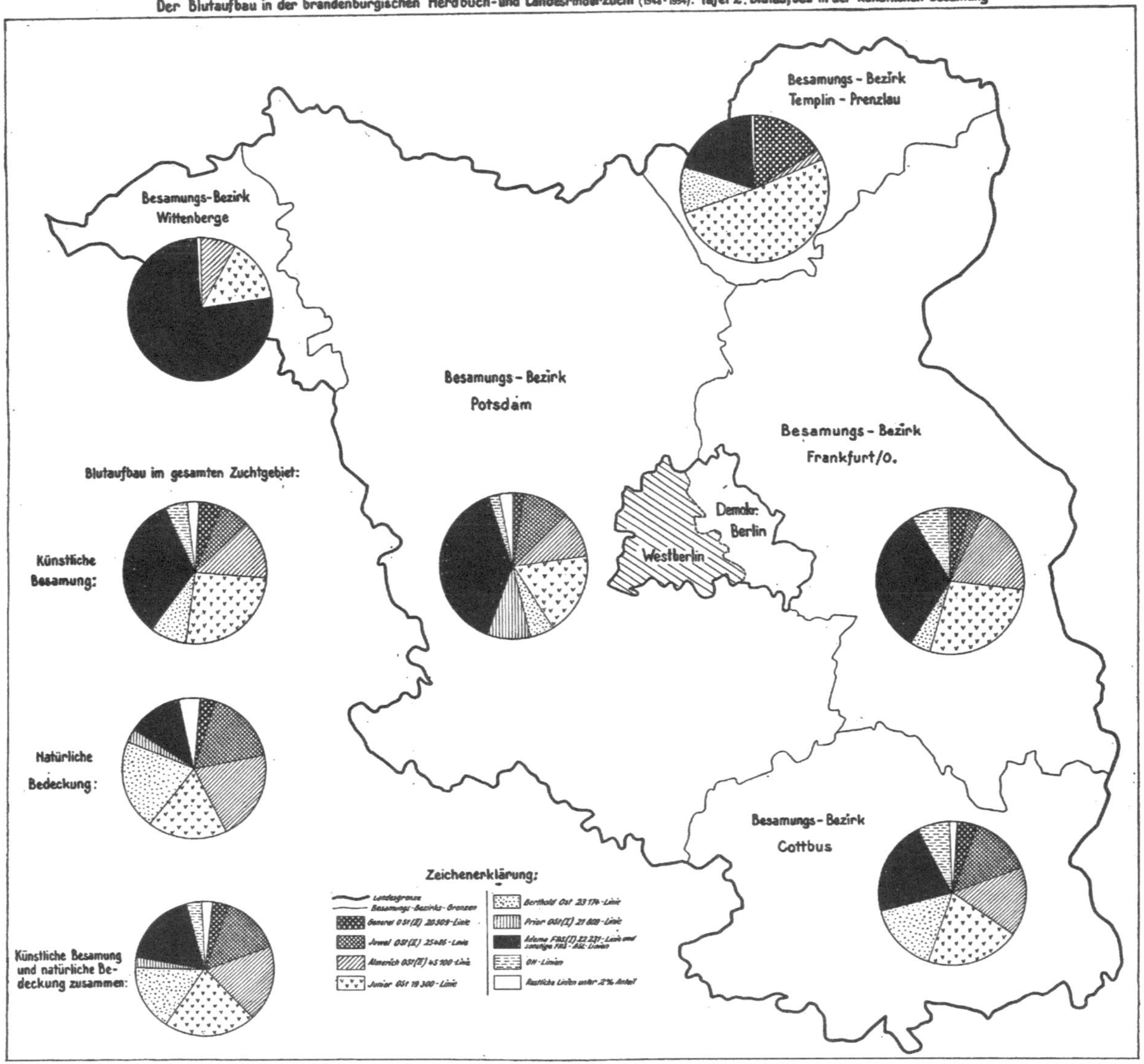

FSC
www.fsc.org
MIX
Papier | Fördert gute Waldnutzung
FSC® C083411

Kolibri 360 GmbH
Ferdinand-Jühlke-Straße 7
99095 Erfurt, Deutschland
produktsicherheit@kolibri360.de